DUDEN
Abiturhilfen

Genetik

DUDEN Abiturhilfen

MATHEMATIK

Analysis I
11. Schuljahr

Analysis II
11. und 12. Schuljahr

Analysis III
12. und 13. Schuljahr

Stochastik I
12. und 13. Schuljahr

Stochastik II
12. und 13. Schuljahr

Lineare Algebra und analytische Geometrie I
Leistungskurs
12. und 13. Schuljahr

Lineare Algebra und analytische Geometrie II
Leistungskurs
12. und 13. Schuljahr

Lineare Algebra und analytische Geometrie
Grundkurs
12. und 13. Schuljahr

DEUTSCH

Der deutsche Aufsatz
12. und 13. Schuljahr

Erzählende Prosatexte analysieren
12. und 13. Schuljahr

Dramentexte analysieren
12. und 13. Schuljahr

PHYSIK

Basiswissen Mathematik zur Physik
11. bis 13. Schuljahr

Mechanik I Bewegungslehre
11. Schuljahr

Mechanik II Erhaltungssätze
11. Schuljahr

Elektrizitätslehre I Felder
12. und 13. Schuljahr

CHEMIE

Grundlagen der organischen Chemie
12. und 13. Schuljahr

Grundlagen der allgemeinen Chemie
12. und 13. Schuljahr

Kunststoffe, Farbstoffe, Waschmittel
12. und 13. Schuljahr

GESCHICHTE

Geschichte I
12. und 13. Schuljahr

Geschichte II
12. und 13. Schuljahr

BIOLOGIE

Genetik
12. und 13. Schuljahr

Nervensystem und Sinnesorgane
12. und 13. Schuljahr

Stoffwechsel und Energieumsatz
12. und 13. Schuljahr

Zellbiologie
12. und 13. Schuljahr

ERDKUNDE

Entwicklungsländer
12. und 13. Schuljahr

Industrie und Dienstleistungen
12. und 13. Schuljahr

Geozonen und Landschaftsökologie
12. und 13. Schuljahr

USA – UdSSR
12. und 13. Schuljahr

KUNST

Kunstgeschichte I
12. und 13. Schuljahr

Kunstgeschichte II
12. und 13. Schuljahr

Die künstlerische Praxis
12. und 13. Schuljahr

Weitere Bände sind in Vorbereitung

DUDEN
Abiturhilfen

Genetik

Grundlagenwissen und Übungsaufgaben
aus der Genetik
(12. und 13. Schuljahr)

von Dr. Bernd Preschel

DUDENVERLAG
Mannheim · Leipzig · Wien · Zürich

Die Deutsche Bibliothek – CIP-Einheitsaufnahme
Duden-Abiturhilfen
Mannheim; Leipzig; Wien; Zürich: Dudenverl.
Biologie. Genetik: Grundlagenwissen und Übungsaufgaben aus der Genetik
(12. und 13. Schuljahr)/Dr. Bernd Preschel
2., aktualisierte Aufl. – 2000
ISBN 3-411-05472-7

Das Werk wurde in neuer Rechtschreibung verfasst.
2., aktualisierte Auflage

Redaktion: Dipl.-Biol. Franziska Liebisch
Herstellung: Petra Moll
Visuelle Didaktik, Illustration: Sonja Schadwinkel, Bremen
Illustration, Grafik: Frank Wohlgemuth, Bremen
Druck: Druckhaus Langenscheidt KG, Berlin
Gedruckt auf Eural Super Recyclingpapier matt gestrichen
Bindearbeit: Schöneberger Buchbinderei, Berlin
Printed in Germany
ISBN 3-411-05472-7

Genetik ist ein zentrales Thema des Biologieunterrichts in der Sekundarstufe II und zugleich ein Gebiet, das vielen Schülerinnen und Schülern Schwierigkeiten bereitet.

Die Abiturhilfen »Genetik« stellen anschaulich dar, wie Erbanlagen übertragen werden, wie aus Erbinformationen individuelle Charakteristika entstehen, welche Mutationstypen es gibt, wie man Erbgut manipulieren kann und, und, und ...

Ausgewählte Aufgabenbeispiele, wichtige praktische Lösungstipps und Hinweise auf mögliche Fehlerquellen, zahlreiche Grafiken und optisch hervorgehobene Zusammenfassungen zu jedem Kapitel machen diesen neuen Band zu einem idealen unterrichtsbegleitenden Lernmittel und zu einer nützlichen Abiturhilfe.

Der besseren Orientierung dienen Vignetten:

Lösungsvorschläge →

Definitionen, Regeln →

Grundlagenwissen Chemie →

Grundlagenwissen Physik →

Statistik →

Dr. Bernd Preschel
Mannheim, im Frühjahr 2000

Kapitel

1 Welche molekularchemischen Eigenschaften machen die Nucleinsäuren zu erfolgreichen Informationsträgern für die Vererbung?

2 Wie entstehen aus den Erbinformationen die individuellen Eigenschaften von Lebewesen?

3 Welche Mutationstypen sollte man kennen?

4 Warum sind Bakterien und Viren so interessante und aufschlussreiche Untersuchungsobjekte der genetischen Forschung?

5 Nach welchen Regeln wird das Erbgut neu gemischt?

6 Wie manipuliert man Erbgut?

Welche molekularchemischen Eigenschaften machen die Nucleinsäuren zu erfolgreichen Informationsträgern für die Vererbung?

Als Träger für die Erbinformation eignen sich nur Makromoleküle, die variabel zusammengesetzt sind. Lange Zeit glaubte man, dass die Proteine besonders geeignet seien. O. T. Avery konnte 1940 durch Transformationsexperimente an Bakterien (vgl. Kapitel 4) nachweisen, dass die Vererbung von der DNA (bei Viren auch RNA)[1] abhängt.

Ihre Aufgaben kann man in folgenden zwei Sätzen zusammenfassen:

1. Die DNA **steuert** sämtliche Lebensvorgänge in der Zelle. Stichworte: Transkription/Translation/Protein/Genregulation.
2. Die DNA **vererbt** diese Informationen
   a) in der **Mitose** an identische Tochterzellen,
   b) in der **Meiose** und durch die Vereinigung zweier Zellkerne im Rahmen der **geschlechtlichen Fortpflanzung** an die Nachkommen.

   In der Abbildung 1 sieht man deutlich, dass die Erbinformation auf der sog. **Keimbahn**[2] von Generation zu Generation weitergegeben wird, während die Körperzellen mit dem Tode (des mehrzelligen Organismus) verloren gehen.

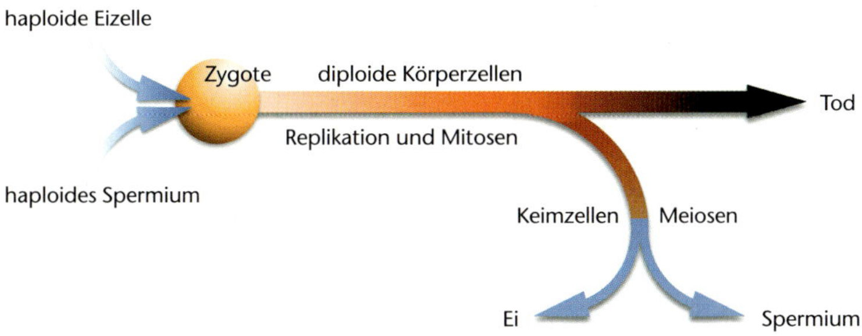

Abbildung 1 (verändert nach E. Günther, 1986)

[1] In diesem Band wird die üblichere englische Bezeichnung DNA = **D**esoxyribo**n**ucleic **a**cid statt der deutschen Bezeichnung DNS = **D**esoxyribonucleinsäure verwendet. Gleiches gilt für RNA = **R**ibo**n**ucleic **a**cid.

[2] Die Keimbahn ist eine ununterbrochene Reihenfolge von Zellen, ausgehend von der befruchteten Eizelle bis zur Bildung der neuen Keimzellen. Diese Zellen übernehmen außer ihrer eigenen Vermehrung nie Spezialaufgaben wie die anderen Körperzellen.

1.1 Bau der Nucleinsäuren

Mit der Chemie der Nucleinsäuren müssen wir uns nur wenig beschäftigen, denn für das Verständnis der biologischen Funktionen reicht ein Überblick über die Bestandteile der Makromoleküle. In der Abbildung 2 erkennen Sie die wichtigsten Komponenten.

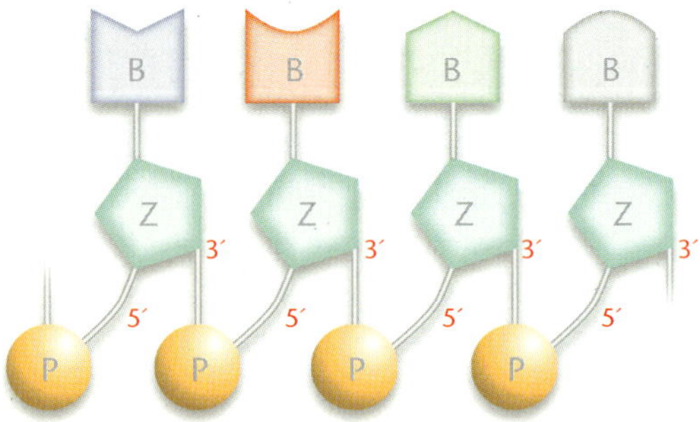

Abbildung 2 (aktualisiert nach F. Kaudewitz, 1973)

Hinweise:

- Es handelt sich um ein kettenförmiges Molekül, dessen „Rückgrat" aus einer abwechselnden Folge von Zucker- (Z) und Phosphatmolekülen (P) zusammengesetzt ist. Bei den Zuckern handelt es sich immer um Pentosen, das sind Zuckermoleküle mit 5 Kohlenstoffatomen.
- Am Zuckermolekül hängt zusätzlich noch eine sog. organische Base (B).
- Makromoleküle sind üblicherweise aus vielen Monomeren (Einzelbausteinen) zu einem Polymer zusammengefügt. Wir müssen folgende Bezeichnungen für unsere Monomere kennen:
  Nucleosid = Zucker + Base
  Nucleotid = Zucker + Base + Phosphat
  Viele Nucleotide ergeben ein **Polynucleotid.**
- Die Nucleotide sind auch an anderen Stellen im Stoffwechsel von Zellen aktiv. Achten Sie auf Begriffe wie ATP = Adenosintriphosphat und cAMP = cyclisches Adenosinmonophosphat.
- Die kleinen Ziffern stammen von der Nummerierung der C-Atome im Zuckerring. Nur am 3′-Ende wird das Makromolekül bei der Synthese verlängert.

Die Abbildung 3 zeigt einen Ausschnitt aus je einem Polynucleotid der DNA und der RNA, in denen die Unterschiede zwischen beiden

Tetranucleotid einer Desoxyribonucleinsäure (DNA), Kurzschreibweise: pApCpTpG

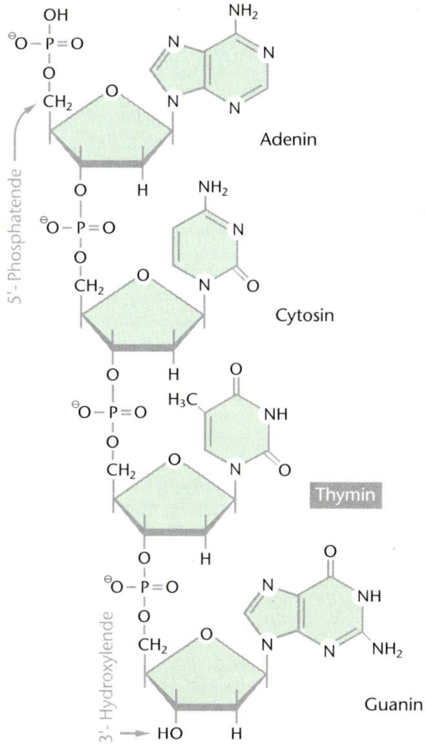

Tetranucleotid einer Desoxyribonucleinsäure (RNA), Kurzschreibweise: pApCpUpG

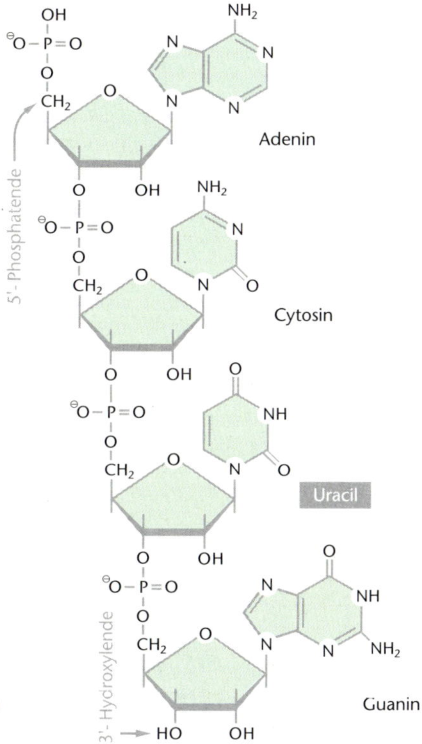

Abbildung 3 (verändert nach E. Buddecke, 1980)

Nucleinsäuren besonders hervorgehoben sind. Außerdem sind die häufigsten organischen Basen gezeigt.

Hinweise:

- Zucker und Phosphorsäure sind über das Sauerstoffatom einer Esterbindung verknüpft.
- Eine weitere Esterbindung ist möglich zwischen der OH-Gruppe des C_5-Atoms und einer benachbarten Phosphorsäure. Durch diese Bindung entsteht das „Rückgrat" des Polynucleotids.
- Am C_1-Atom werden die Basen über Stickstoff gebunden.
- Die Kette aus Zucker und Phosphat hat durch die Nummerierung der Kohlenstoffatome eine **Polarität.** Am 3'-Ende steht die OH-Gruppe

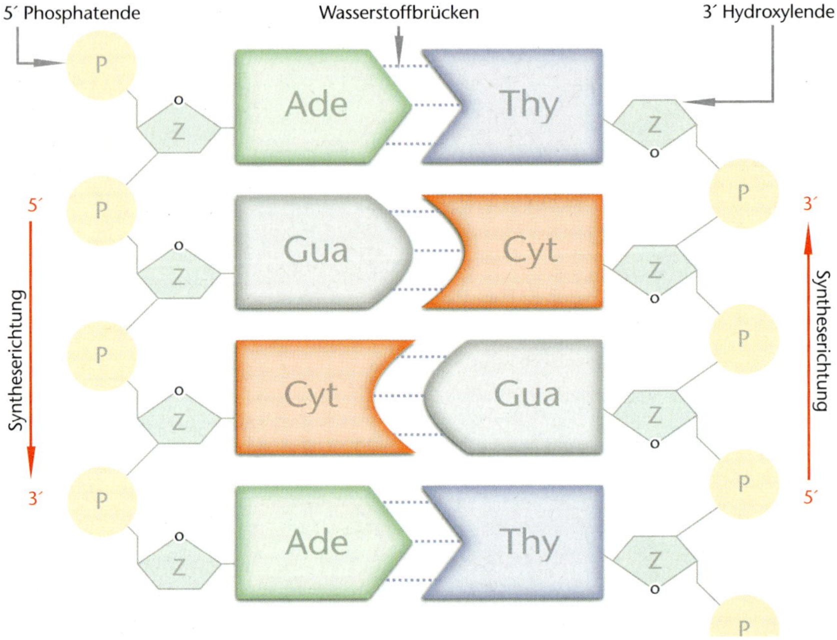

Abbildung 4: P = Phosphatrest, Z = Zucker, Ade = Adenin, Thy = Thyamin, Gua = Guanin, Cyt = Cytosin (verändert nach E. Günther, 1986).

des Zuckers, am 5'-Ende findet man einen Phosphatrest. Unter natürlichen Bedingungen wird das Molekül nur am 3'-Ende durch angelieferte Nucleotide verlängert. Die Base ist immer mit dem C-Atom Nr. 1 des Zuckers verbunden.

Es gibt offensichtlich entweder ein Doppelringsystem (Purinderivate) oder einen einfachen »Sechserring« (Pyrimidinderivate). Die räumliche Form entspricht tatsächlich jeweils flachen Scheiben, sodass sich die Moleküle gut stapeln, wie Münzen. Eine weitere wichtige Eigenart ist ihre Fähigkeit, sich über **Wasserstoffbrückenbindung** miteinander zu verknüpfen. Durch die Anzahl der Brücken gibt es nur zwei Paarungsmöglichkeiten, man spricht daher von **komplementären Basen.**

Der Aufbau der DNA wurde 1952 von J. D. Watson und F. H. C. Crick mithilfe von maßstabsgetreuen Molekülmodellen geklärt. Sie konnten sich auf die experimentellen Daten aus Strukturanalysen von E. Chargaff und R. Franklin stützen. Bei höheren Lebewesen ist die Erbsubstanz immer eine doppelsträngige DNA. Sie entsteht dadurch, dass sich die Basen zweier Stränge mit entgegengesetzter Polarität über die geschilderten Wasserstoffbrücken miteinander verbinden. Die resultierende Doppelhelix erhält durch zusätzliches Verdrehen eine sehr kompakte Form. Diese und weitere Verknäuelungen sind nötig, um den zwar dünnen, aber mehrere Zentimeter bis Meter langen DNA-Faden in einem Zellkern unterzubringen, der nur wenige Mikrometer im Durchmesser hat.

1.2 Verdoppelung des genetischen Materials

Schon J. D. Watson und F. H. C. Crick ist aufgefallen, dass sich der Verdoppelungsmechanismus im Prinzip ganz leicht erklären lässt. Eine ihrer wichtigen Erkenntnisse war, dass sich die Basen nur nach ganz festen, einfachen Regeln durch Wasserstoffbrückenbindungen miteinander paaren lassen. Da diese Bindungen relativ schwach sind, kann die Doppelhelix an dieser Mittelnaht in zwei Einzelstränge halbiert werden, die sich als Vorlagen für die **identische Reduplikation (Replikation)** eignen würden. 1958 konnten M. S. Meselson und F. W. Stahl den Ablauf in einem sehr eleganten Experiment an der DNA des Bakteriums Escherichia coli (E. coli) exakt nachweisen. M. S. Meselson und F. W. Stahl überlegten sich, dass es für den Verdoppelungsmechanismus folgende Alternativen geben könnte:

Hypothesen:

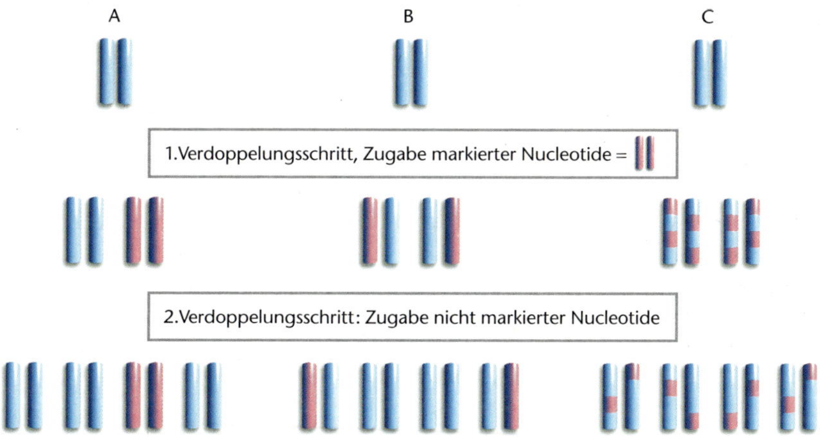

Abbildung 5 (aktualisiert nach E. Günther, 1986)

Lösungsstrategie:
Markiert man die neu synthetisierten Stränge nach einem geeigneten Verfahren, müssten nach dem ersten Verdoppelungsschritt laut Hypothese

A: eine markierte und eine unmarkierte Doppelhelix **(konservative Replikation)**,
B: zwei halbseitig markierte DNA-Fäden **(semikonservative Replikation)**,
C: zwei Fäden, bei denen die Markierung verdünnt ist **(disperse Replikation)**, zu finden sein.

Mithilfe der Markierung könnte man die einzelnen Hypothesen auf ihren Wahrheitsgehalt überprüfen.

M. S. Meselson und F. W. Stahl wählten zur Markierung das **schwere Isotop** des Stickstoffs ^{15}N, das den Bakterien in ihrer Nährlösung angeboten werden kann. Wie man am Molekül der DNA leicht erkennt, enthalten die Basen recht viele Stickstoffatome. Es ist klar, dass auch im Eiweiß große Mengen an ^{15}N zu finden sein werden, die man jedoch bei der Präparation der DNA abtrennen kann. Die reine DNA wird entsprechend ihrer Schwimmdichte in der **analytischen Ultrazentrifuge** getrennt. Die DNA wird je nach Menge des eingelagerten schweren Stickstoffs entweder im Bereich größeren oder geringeren Auftriebs in einer Salzlösung (CsCl) mit graduell steigender Dichte zu finden sein. Die Lage wird photometrisch durch Absorption bei der Wellenlänge 260 nm gemessen. Relativ unproblematisch ist die Gewinnung einer ausreichenden Menge an DNA bzw. einer großen Zahl an Bakterien, die eine genau definierte Anzahl an Teilungszyklen durchlaufen haben. Die **Synchronisierung** der Zellteilungen lässt sich durch verschiedene Tricks erreichen, am einfachsten durch Nährstoffverknappung. Alle Zellen stellen dann ihr Wachstum ab einem bestimmten Stadium ein. Nach Zugabe von neuem Nährmedium beginnen sie wieder zu wachsen und teilen sich anschließend einige Male gleichzeitig.
M. S. Meselson und F. W. Stahl ließen also ihre synchronisierte Bakterienkultur auf einem Nährmedium mit schwerem Stickstoff wachsen. Die erste Probe wurde entnommen, und anschließend erhielt die Kultur neues Nährmedium mit normalem Stickstoff. Nach 20 Minuten, d. h. nach der ersten folgenden Teilung, wurde die nächste Probe entnommen. Nach weiteren 20 Minuten auf dem Normalmedium wurde noch eine Probe

gewonnen. Nach der Aufarbeitung und der Analyse in der Ultrazentrifuge fanden sie folgende Ergebnisse:

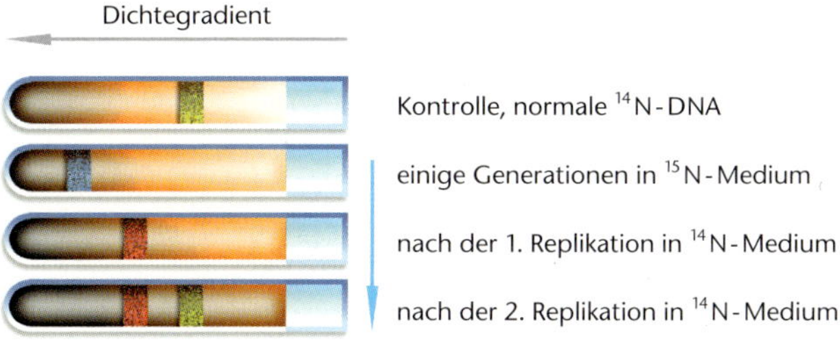

Abbildung 6

Bei der Erklärung des Aufbaus der DNA haben wir schon darauf hingewiesen, dass die beiden Stränge entgegengesetzte Polarität haben. Ignorieren die Enzyme, die an dem Abschreibprozess beteiligt sind, diesen Unterschied zwischen den beiden Hälften der Doppelhelix?
Vergegenwärtigen Sie sich hierzu nochmals das Bild des Nucleotids (Abbildung 2). Sie können sehen, dass der Phosphatrest an einer ganz bestimmten Stelle des Zuckerringes sitzen muss, damit das Grundgerüst des Fadens hergestellt werden kann. Folglich können die Enzyme den DNA-Faden tatsächlich nur in einer Richtung kontinuierlich verlängern, nämlich vom sog. 5′- zum 3′-Ende im neuen Strang. Die beteiligten Enzyme heißen übrigens **DNA-Polymerasen** (Untergruppen mit verschiedenen Aufgaben sind pol I, pol II, pol III), weil sie viele Monomere zu einem polymeren DNA-Faden verknüpfen. Wie wird jetzt aber die andere Hälfte der Doppelhelix synthetisiert? Mit den gleichen Enzymen, aber stückweise von der Replikationsgabel her. Die sog. **Okazaki-Stücke** sind einige Hundert Nucleotide lang. Die einzelnen Fragmente werden anschließend mit einem Verknüpfungsenzym (Ligase) untereinander verbunden.

1.3 Aufgabenbeispiele

Aufgabe 1

Stellen Sie die baulichen Unterschiede zwischen der DNA und der RNA zusammen.

Aufgabe 2

Die Mengenverhältnisse der Basen lassen sich recht leicht bestimmen. Sie geben in Grenzen Auskunft über die Herkunft der DNA. Stellen Sie in Form mathematischer Proportionen die molaren Mengenverhältnisse aller Basen in der DNA zusammen.

Aufgabe 3

Mithilfe des gezeigten Bandenmusters kann man aus den Hypothesen der Abbildung 5 die richtige auswählen. Tun Sie dies!

Aufgabe 4

Wie viele Banden würde man nach der 3. Teilungsrunde der Bakterienkultur auf normalem Nährmedium nach weiteren 20 Minuten finden? Zeichnen Sie eine Skizze des Zentrifugenröhrchens entsprechend Abbildung 5.

Aufgabe 5

Die semikonservative Replikation ist zwar eine sehr nahe liegende Erklärung für die sicher ablaufende identische Verdoppelung des Erbgutes, wenn man die α-Helix in der obigen gestreckten Darstellung ansieht. Schwer verständlich wird der Mechanismus aber, wenn man sich das Molekül in der natürlichen räumlichen Gestalt betrachtet. Finden Sie heraus, warum man sich die Richtigkeit dieses Replikationsmechanismus nur schwer vorstellen kann!

Aufgabe 6

Könnte man die Experimente von M. S. Meselson und F. W. Stahl auch mit radioaktivem Thymin durchführen, und würde man damit zu ähnlich klaren Aussagen kommen?

1.4 Lösungsvorschläge

Aufgabe 1

DNA: Desoxyribose, Thymin

RNA: Ribose, Uracil

Alle anderen Unterschiede wie Einsträngigkeit, Vorkommen und Funktion sind nicht eindeutig für eine der beiden Nucleinsäuren. In Zellen kommt nur DNA als Erbsubstanz vor, manche Viren besitzen RNA.

Aufgabe 2

A = T, G = C, A/T = G/C = 1, A/G = T/C

aber A + T/G + C = nicht 1

Aufgabe 3

Die Aufgabe gehört von ihrem Schwierigkeitsgrad her in die höchste Anforderungsstufe, die nach den Prüfungsvorschriften unter dem Stichwort „selbstständiges Bewältigen einer Problemstellung und planmäßiges Vorgehen" vorgesehen ist. Für eine vollständige Beantwortung erwartet man von Ihnen eine Erklärung der Versuchsmethode, wie im vorangehenden Text beschrieben. Wichtig ist vor allem, dass Sie die zunehmende Dichte in Richtung zum Boden des Zentrifugenröhrchens und die Abhängigkeit der Schwimmdichte (Auftrieb/Sedimentation) der präparierten DNA von ihrem $^{15}N/^{14}N$-Gehalt richtig darstellen. Planmäßig gehen Sie weiter vor, wenn Sie feststellen, wie viele unterschiedlich markierte DNA-Sorten nach der 1. Teilung und wie viele nach der 2. Teilung zu identifizieren sind. Dies können Sie mit den theoretischen Werten aus den drei Hypothesen vergleichen. Nach dem Ergebnis der 1. Teilung ist dann Hypothese A abzulehnen, weil nur eine Bande mit mittlerer Schwimmdichte auftritt, während 2 Banden vorausgesagt werden. These C stimmt nicht mit dem gefundenen Bandenmuster nach der 2. Teilung überein, weil zwei Banden statt der erwarteten einen Bande auftreten. Also kann nur das Schema B die Verdoppelung der DNA als **semikonservative Replikation** richtig wiedergeben.

Aufgabe 4

Die Zahl der Banden im Dichtegradienten ändert sich nach der zweiten Teilung nicht mehr. Nur die relative Menge der schweren DNA nimmt ab. Abgesehen davon wird nach weiteren Teilungen die Synchronisation der Zellen nachlassen.

Aufgabe 5

Der Verdoppelungsmechanismus sieht in der dargestellten Form recht einfach aus; einige Fragen sind aber noch ungeklärt, wenn man sich die Details ansieht. Ein Problem ist die **Entspiralisierung** und Trennung der Doppelhelix, weil die zwei Stränge sich umeinander drehen müssen. Aus dem Vergleich der Replikationszeit mit der Länge des bakteriellen DNA-Fadens kann man ausrechnen, dass die Doppelhelix der Bakterien mit einer Geschwindigkeit von rund 1000 Umdrehungen pro Minute rotieren müsste. Derartige **Drehgeschwindigkeiten** kann man sich nicht erklären.

Aufgabe 6

Thymin wird in die Zellen aufgenommen und ausschließlich in die DNA eingebaut. Das Wichtigste am Experiment von M. S. Meselson und F. W. Stahl war aber die Auftrennung der DNA-Präparate mithilfe der Zentrifugation im Dichtegradienten. Das radioaktive Thymin ist zwar zur speziellen Markierung der DNA geeignet, hier bringt es jedoch nichts, weil es keine Dichteunterschiede bewirkt. Mit den Methoden der Autoradiographie konnte man den „heißen" ebenfalls nicht vom „kalten" Strang der DNA unterscheiden, weil die Strukturen zu klein sind und sich die Schwärzungen in der Filmschicht überlappen. Oft sieht man auch Bilder von halbseitig markierten Chromosomen. Dies sind **nicht** DNA-Hälften, sondern Chromatiden!

Wie entstehen aus den Erbinformationen die individuellen Eigenschaften von Lebewesen?

2.1 Proteinsynthese

In der sog. **Ein-Gen-ein-Enzym-Hypothese** wird folgender Zusammenhang ausgedrückt: Gene sind Teilabschnitte der DNA. Die in der Basensequenz niedergelegte Information wird in Eiweißmoleküle übersetzt, die den Stoffwechsel katalysieren (Enzyme).
Warum wählt man oft das Analogmodell vom Übersetzen aus einer Sprache in eine andere? DNA und Eiweiße sind beides fadenförmige Moleküle. Der Aufbau der Nucleinsäuren ist bereits (Kapitel 1) beschrieben, hier wollen wir nur das Minimum aufführen, was Sie im Zusammenhang mit der Genetik über Proteine wissen sollten.
Am Aufbau der natürlichen Proteine sind 20 verschiedene Aminosäuren beteiligt. Sie gehören alle zur Gruppe der α-Aminocarbonsäuren. Zwischen der basischen Aminogruppe des einen Moleküls und der OH-Gruppe eines zweiten Moleküls bildet sich unter Wasserabspaltung eine **Peptidbindung**, und da diese Verknüpfungen an den jeweiligen Enden fast beliebig lang fortgeführt werden können, ergibt sich ein langes Molekül, dessen biologische Eigenschaften durch die zusätzlich vorhandenen, seitlich herausstehenden, funktionellen Gruppen bestimmt werden.
Die Größe der natürlichen **Polypeptidketten** liegt durchschnittlich bei 1000 Aminosäuren. Die Aminosäuresequenz ist für die Eigenschaften und die Funktionsfähigkeit eines Enzyms oder eines Gerüsteiweißes verantwortlich. Die räumliche Gestalt und der Zusammenschluss mehrerer Proteine zu einem kompletten Enzym oder Bauelement erfolgen weitgehend automatisch durch die funktionellen Gruppen der eingebauten Aminosäuren.
Die Übersetzung besteht darin, dass die genetische Information aus der 4-Zeichen-Sprache der Basensequenz in die 20-Zeichen-Sprache der Aminosäuresequenz umgeschrieben wird. Dazu braucht man eine Codierungsvorschrift, die wir uns ansehen, ohne näher zu fragen, wie die Arbeitsgruppen von M. W. Nirenberg und S. Ochoa den **genetischen Code** damals um 1960 geknackt haben. Schon durch einfaches Nachrechnen kann man schlussfolgern, dass für jede der 20 Aminosäuren mindestens drei Basen nötig sind, um sie eindeutig zu kennzeichnen.
Sehen wir uns eine Darstellung (Abbildung 7, S. 21) dieses sog. **Triplett-**

codes an. Der genetische Code weist die folgenden Charakteristika auf:

a) Von den 64 möglichen Tripletts codieren 61 die 20 verschiedenen Aminosäuren. Die 3 übrigen dienen als **Stoppzeichen.** Treten sie (meist in Mehrzahl) in der Basenfolge auf, wird die Proteinsynthese abgebrochen (Terminator- oder Nonsensecodon).
b) Am Anfang jeder Polypeptidkette steht immer die Aminosäure **Methionin,** die durch TAC als **Starttriplett** in der DNA codiert wird.
c) Der Code ist **nicht überlappend,** weil die Tripletts hintereinander abgelesen werden.
d) Es gibt **kein Komma** und **keine Leerstellen** zwischen den Tripletts.
e) Der Code ist **degeneriert.** Damit meint man, dass eine Aminosäure durch mehrere Basenfolgen angegeben werden kann. Überwiegend unterscheiden sich die Codezeichen in der dritten Base. Dies ist möglich, weil von den insgesamt 64 Kombinationsmöglichkeiten eigentlich 41 überzählig sind.
f) Da der Code von allen Organismen benutzt wird, heißt er **universell.** (Es gibt allerdings „Dialekte". Manche Bakterien oder Tier- und Pflanzengruppen bevorzugen nämlich für die gleiche Aminosäure aus dem degenerierten Code die eine oder andere Version.)
g) Ein Codon bestimmt nur den Einbau einer einzigen Aminosäure, der Code ist **eindeutig.**

Überblick über die Proteinsynthese:
Der gesamte Vorgang ist in zwei Teilabschnitte zu trennen.
Den 1. nennt man **Transkription,** was man in der Alltagssprache mit „Umschreiben" ausdrücken könnte.
An der DNA-Matrize wird eine einsträngige RNA nach einem Mechanismus, ähnlich der semikonservativen Replikation, hergestellt. Diese RNA dient als Botenstrang (sog. **Messenger-RNA = m-RNA** oder **Boten-RNA**). Die Transkription kann in den reifenden **Eizellen** von Wirbeltieren mit dotterreichen Eiern, z.B. Vögeln, Reptilien, Amphibien, sehr gut beobachtet werden. An den Chromosomen sind zu beiden Seiten große Schleifen ausgestülpt. Die Chromosomen heißen **Lampenbürstenchromosomen** (von der Putzbürste für die Glasröhrchen auf alten Petroleumlampen). Sie treten nur in einer bestimmten Phase während der lange dauernden Meiosen in Eizellen auf. Man kann elektronenmikroskopisch verfolgen, wie an den Schleifen fortlaufend RNA produziert wird. Die Schleifen sind besonders groß, weil einzelne DNA-Abschnitte mehr-

Ala	Arg	Asp	Asn	Cys	Glu	Gln	Gly	His	Ileu	Leu	Lys	Met
CGA	GCA	CTA	TTA	ACA	CTC	GTC	CCA	GTA	TAA	GAA	TTC	TAC
CGC	GCC	CTG	TTG	ACG	CTT	GTT	CCC	GTG	TAG	GAC	TTT	
CGG	GCG						CCG		TAT	GAG		
CGT	GCT						CCT			GAT		
	TCC									AAC		
	TCT									AAT		

Phe	Pro	Ser	Thr	Trp	Tyr	Val		Stopp				
AAA	GGA	AGA	TGA	ACC	ATA	CAA		ACT				
AAG	GGC	AGC	TGC		ATG	CAC		ATC				
	GGG	AGG	TGG			CAG		ATT				
	GGT	AGT	TGT			CAT						
		TCA										
		TCG										

Abbildung 7: Der genetische Code: Unter jeder Aminosäure (schwarz) stehen die möglichen Basenfolgen der DNA. Jeweils die linke Base steht am 3´- Ende der DNA. Achtung: Diese Tabelle bezieht sich auf den DNA-Code, die häufig abgebildete Code-Sonne enthält den RNA-Code.

fach kopiert und hintereinander gehängt wurden (Amplifikation).
Der 2. Teil der Proteinsynthese läuft im Zellplasma an den Ribosomen ab. Der Nucleinsäurecode wird mithilfe einer weiteren RNA-Sorte **(Transfer-RNA = t-RNA)** und einiger Enzyme in die Proteinsprache übersetzt. Dies ist die **Translation** (engl. Übersetzung). Am Ribosom entsteht ein langer Polypeptidfaden, der nach einem Stoppsignal in der m-RNA freigesetzt wird und sich dabei selbst knäuelt und faltet oder mit weiteren Peptidketten zusammenlagert. Am Schluss ist ein funktionsfähiges Enzym oder ein Gerüstprotein entstanden. Der ganze Vorgang benötigt Energie.

Feinheiten der Transkription:
Durch ein relativ großes und komplexes Enzym, die **RNA-Polymerase,** wird an der DNA zuerst eine m-RNA hergestellt. Die Paarung der komplementären Basen zwischen zwei Einzelsträngen der Nucleinsäuren stellt sicher, dass die RNA eine genaue Kopie der Vorlage ist.
Bemerkenswert ist, dass in der RNA die Base Uracil dem Adenin gegenübersteht, denn in einem reinen DNA-Doppelstrang würde sich Adenin

mit Thymin paaren. Die Zelle lässt in der Regel nur Teilstücke ihrer gesamten Erbinformation ablesen, d.h., die m-RNA ist mit 50 bis 1000 Nucleotiden stets sehr viel kürzer als der DNA-Faden mit einer Million oder noch mehr Nucleotiden.
Lange Zeit glaubte man, dass die Information nur in der Richtung von der DNA zur RNA übertragen werden kann. Manchmal findet man deswegen heute noch in einigen Lehrbüchern dieses **molekularbiologische Dogma**, das schematisch so

$$\textbf{DNA} \Rightarrow \textbf{RNA} \Rightarrow \textbf{Protein}$$

beschrieben wird. Inzwischen kennt man aber etliche Viren, die RNA als Erbsubstanz besitzen und die ihre Erbinformation erst in einen DNA-Faden umkopieren müssen, damit sie vom Syntheseapparat der Zelle verstanden wird. Das entsprechende Enzym heißt **reverse Transkriptase** (= RNA-abhängige DNA-Polymerase; vgl. Kapitel 4.1).
Machen wir uns noch klar, welche verschiedenen Aufgaben die DNA-abhängige RNA-Polymerase hat. Sie muss den Startpunkt **(Promotor)** für die Transkription erkennen. An dieser Startstelle muss sie sich an die DNA binden. Ab hier werden dann die Wasserstoffbrückenbindungen im DNA-Doppelstrang vorübergehend getrennt. Nucleotide für die m-RNA werden in richtiger Position eingelagert und durch eine Esterbindung zwischen Zucker- und Phosphatrest miteinander verknüpft **(falls Sie hier nicht ganz folgen konnten, sehen Sie sich nochmals den Text über den Aufbau und die Replikation der DNA an)**. Am Ende des Gens muss sich die Polymerase von der DNA wieder ablösen und die produzierte m-RNA freigeben. Die DNA hat sich inzwischen wieder zum üblichen Doppelstrang vereinigt.

Feinheiten der Translation:
Sobald die m-RNA im Cytoplasma angelangt ist, wird sie von Ribosomen besetzt. Ribosomen bestehen zu je 50% aus Proteinen und aus ribosomaler RNA (r-RNA). Das aktive Ribosom setzt sich aus einer großen und einer kleinen Untereinheit zusammen. Die Größe der Ribosomen wird in sog. Svedberg-Einheiten (Abk. S) angegeben, die man mit dem Sedimentationsverhalten in einer Ultrazentrifuge bestimmt. Bakterien und Zellorganellen, z.B. Mitochondrien, besitzen 70S-Ribosomen, Eukaryoten hingegen 80S-Ribosomen.
Das Folgende sehen wir uns am besten in Abbildung 8 an:

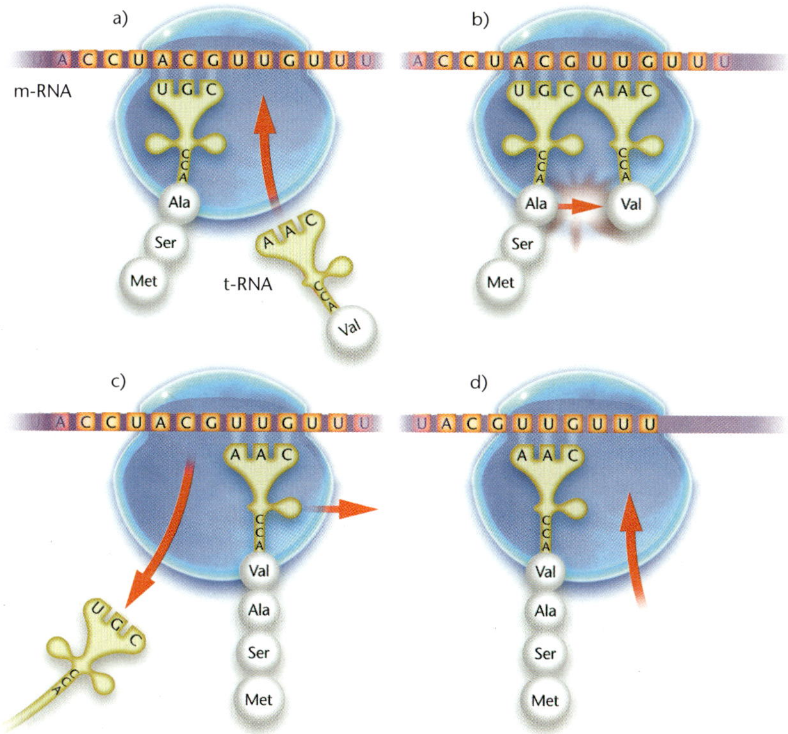

Abbildung 8

a) Neben der m-RNA und dem Ribosom erkennt man die Transfer-RNA (t-RNA). Sie transportiert die Aminosäuren zum Ribosom, daher der Name. In einer Nische des Ribosoms wird die m-RNA gebunden, sodass 2 Tripletts an genau festgelegten Positionen liegen. Dort lagern sich 2 t-RNA-Moleküle mit ihren Aminosäuren am „Hinterende" an die m-RNA an, wobei die Bindungen wieder über die bekannten Wasserstoffbrücken hergestellt werden. Ein t-RNA-Molekül muss wenigstens 4 funktionelle Regionen besitzen:

1. das Anticodon zum passenden Triplett in der m-RNA,
2. ein Ende für Bindung einer Aminosäure (übrigens immmer das einsträngige 3'-Ende mit der Basenfolge ACC),
3. eine Region, mit der es eine bestimmte Aminosäure aus dem

   allgemeinen Pool herausfischen kann,
4. eine Bindungsstelle für das Ribosom.

b) Beide Bindungsstellen für t-RNA im Ribosom sind gerade besetzt. Ein enzymatisch wirksames Zentrum innerhalb des Ribosoms katalysiert unter Energieeinsatz die chemische Verbindung der beiden benachbarten Aminosäuren am „Hinterende“ der t-RNA.

c) Die entladene t-RNA wird wieder frei und kann sich im Cytoplasma ihr nächstes Aminosäuremolekül angeln.

d) Danach rutscht das Ribosom weiter zum nächsten Triplett der m-RNA, das sofort mit der zuständigen t-RNA inklusive daran hängender Aminosäure gepaart wird.
Es folgen weitere Peptidbindungen mit dem bereits fertigen Teil und Weiterrutschen des Ribosoms, bis ein oder mehrere Stoppcodonen in der m-RNA erscheinen. Dort wird das fertige Protein vom Ribosom abgelöst und meist nachträglich etwas eingekürzt und gefaltet. Alle anderen Komponenten trennen sich voneinander und stehen für eine neue Runde an einer weiteren Boten-RNA zur Verfügung. Im Übrigen wird eine m-RNA natürlich gleichzeitig von mehreren Ribosomen als Vorlage benutzt, sodass ein Protein in hundertfachen Kopien hergestellt werden kann. Die einsträngige m-RNA wird wieder abgebaut, bei Bakterien recht schnell, bei Eukaryoten ist sie etwas langlebiger.

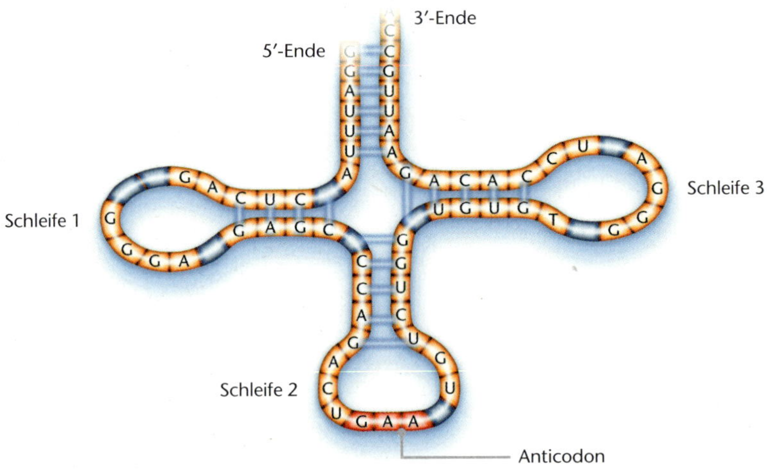

Abbildung 9

Prozessierung (Processing) der m-RNA:
Während die m-RNA bei Prokaryoten sofort nach der Transkription von Ribosomen besetzt wird und die Translation beginnt, wird sie im Kern der Eukaryoten einem **Reifungsprozess** unterworfen. Nach dieser Reifung wird die m-RNA durch die Poren aus dem Kern ausgeschleust. Die Ribosomen verbinden sich mit dem Messenger und beginnen in der bekannten Weise mit der Translation. Trotz dieses Unterschieds lassen sich mit gentechnischen Methoden auch eukaryotische Gene in Bakterienzellen zur Produktion bestimmter Eiweiße anregen. Die einzelnen Stationen sollen hier in ihrer zeitlichen Reihenfolge aufgeschrieben werden:

1. **Capping:** Am 5′-Ende wird ein Methylnucleotid als „Hütchen" angesetzt, das dieses Ende vor dem Abbau schützt.
2. Zum Schutz des 3′-Endes werden bis zu 200 Adeninreste angehängt **(Polyadenylierung).**
3. Durch **Spleißen** (Splicing) werden die sog. **Introns** exakt aus der m-RNA herausgeschnitten. Introns sind DNA-Abschnitte innerhalb (!) eines Gens, die zwar transkribiert werden, aber offensichtlich für die Funktion des späteren Proteins keine Information enthalten! Man weiß nicht, warum diese überflüssigen Sequenzen mitgeschleppt werden. Die Sequenz, die in der m-RNA stehen bleibt und später durch die Translation in ein Protein übersetzt wird, heißt **Exon.** Leicht zu merken, denn diese Basenfolge wird <u>ex</u>primiert.

Ihr Anteil an der gesamten DNA einer Zelle wird auf 90% geschätzt. Ein großer Teil dieser DNA liegt in Form von repetitiven Sequenzen vor, die teilweise in Nachbarschaft zu anderen funktionellen Genen liegen, teilweise in einigen Abschnitten der Chromosomen konzentriert vorliegen. Es handelt sich um mehr oder weniger lange Wiederholungen derselben Basenfolgen. Diese DNA tritt bei der Isolierung und Trennung mithilfe der Dichtezentrifugation als besondere Fraktion auf und wird als **Satelliten-DNA** bezeichnet. Einige der kürzeren Sequenzen beim Menschen haben Bedeutung für den sog. **genetischen Fingerabdruck** erlangt. Sie werden nämlich vererbt wie normale Gene. Die Anzahl der Wiederholungen variiert aber von Person zu Person sehr stark. Untersucht man mehrere solcher variabler DNA-Stücke, kann man eine Person mit hoher Sicherheit identifizieren, wenn man die Wahrscheinlichkeit für das Auftreten der fraglichen Kombinationen berechnet. Inzwischen gibt es Hinweise darauf, dass die Instabilität der Länge von Satelliten nicht immer ohne Folgen für die Betroffenen ist. Man kann Zusammenhänge mit manchen

Krebsarten und mit neurologischen Krankheitsbildern nachweisen. Manche krank machenden Bakterien (Neisseria gonorrhoea oder Haemophilus influenzae) besitzen ebenfalls kurze Stücke mit Basenwiederholungen (Mikrosatelliten) in Genen für Membranmoleküle, die einerseits verantwortlich für das Anheften an Wirtszellen sind, andererseits den Fresszellen des Wirtsorganismus die Erkennung der Parasiten ermöglichen. Eine hohe Mutationsrate (10000-mal im Vergleich zu zu einer Punktmutation) gibt den Mikroorganismen bessere Chancen im gegenseitigen Wettrüsten zwischen Wirt und Parasit. Die Gene mit Mikrosatelliten zeichnen sich auch hier durch häufige Fehler bei der Replikation der DNA aus.

2.2 Vom Gen zum Phän

Wir wissen jetzt zwar, wie die lebende Zelle, ausgehend von der Information auf der DNA, ein Protein herstellt, der Schritt zu der entsprechenden Eigenschaft, zum Merkmal, fehlt aber noch. Man bezeichnet diesen Übergang oft mit dem Schlagwort »**vom Gen zum Phän**«. Mit dem Wort **Phän** wird ein beliebiges Merkmal bezeichnet; es kann äußerlich sichtbar sein, es kann sich um eine chemische Reaktion im Stoffwechsel, um ein Verhalten oder sonst eine Eigenschaft des Lebewesens handeln. Die Gesamtheit aller Merkmale heißt **Phänotyp** (Erscheinungsbild), die Gesamtheit der Gene **Genotyp** (Erbbild). Schon um 1940 konnten G. W. Beadle und E. L. Tatum mit ihrer **Ein-Gen-ein-Enzym-Hypothese** eine Erklärung anbieten. Die Hypothese basiert auf dem Gedanken, dass jedes Merkmal irgendwie vom Stoffwechsel des Lebewesens hervorgerufen wird. Die Stoffwechselreaktion hängt immer von der katalytischen Wirkung eines Enzyms ab, dessen Eigenschaften von seiner Aminosäuresequenz bestimmt werden. Wie wir bei der Proteinsynthese festgestellt haben, geht diese letztlich zurück auf die Basensequenz in der Erbsubstanz. Man hat die ursprüngliche Hypothese korrigiert zur **Ein-Gen-ein-Polypeptid-Hypothese.** Mit dieser Erklärung für das Gen berühren sich die Aussagen der Molekulargenetik mit den Ergebnissen der klassischen Genetik. Der Genbegriff hat in groben Zügen folgende historische Entwicklung durchgemacht:

1865 Mendel: Ein-Gen-ein-Merkmal-Hypothese
1940 Beadle und Tatum: Ein-Gen-ein-Enzym-Hypothese
1961 Benzer: Ein-Gen-ein-Polypeptid-Hypothese (Gen = **Cistron**)

Heute streitet man sich nicht mehr um die Definition eines Gens, sondern weiß, dass man je nach Betrachtungsweise mit unterschiedlichen Vererbungseinheiten arbeitet.
Die Zusammenhänge zwischen dem Gen auf molekularer Ebene und einem äußerlich sichtbaren Merkmal sind leider selten direkt zu sehen, weil fast alle Stoffwechselwege nicht nur von einem einzigen Enzym gesteuert werden. Die vielen Verzweigungen des Stoffwechsels sorgen dafür, dass am Zustandekommen eines Merkmals viele Enzyme beteiligt sein müssen, die in der Genetik als **Genwirkketten** zusammengefasst werden (Abbildung 10).
Erinnern Sie sich daran, dass Bakterien mit einem einzigen DNA-Faden als Genom auskommen. Eukaryoten hingegen haben jeweils zwei gleichartige (homologe) Chromosomen und somit von jedem Gen zwei Allele. Sind beide gleich, ist der Organismus **reinerbig (homozygot)**, sind sie verschieden, ist er **mischerbig (heterozygot).**

Zum obigen Text führt man im Schulunterricht die verschiedensten Beispiele vor. Das Organisationsprinzip ist grundsätzlich bei allen gleich. Hier sollen zwei Beispiele aus der Humangenetik zur Demonstration der Wege vom Gen zum Phän dienen.

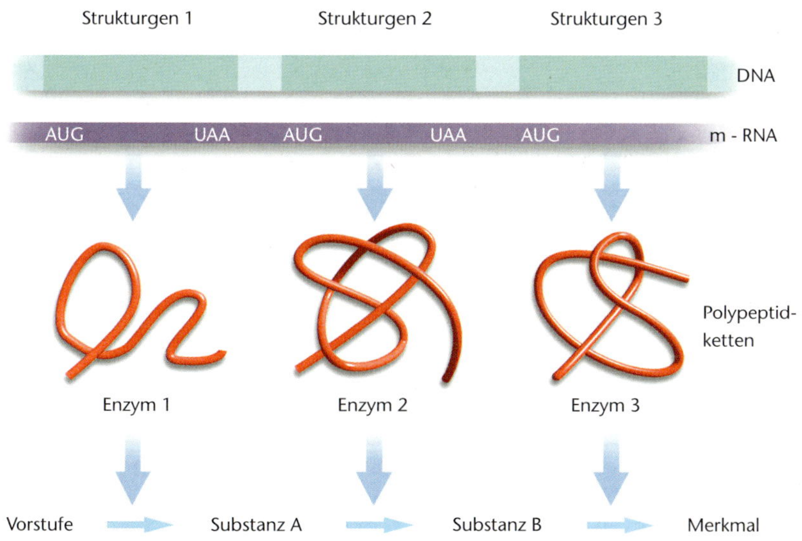

Abbildung 10 (aktualisiert nach E. Günther, 1986)

1. Beispiel: **Stoffwechsel der Aminosäure Phenylalanin**
In der Abbildung 11 (S. 29) ist ein Teil unseres menschlichen Stoffwechsels dargestellt; natürlich sind in der Darstellung alle unwichtigen Randbedingungen weggelassen. Hinter den enzymatisch katalysierten Reaktionen steckt eine Genwirkkette wie auf S. 26 ff. beschrieben. In den Kästchen ist angegeben, welche Krankheiten entstehen, wenn das Enzym für den entsprechenden Reaktionsschritt durch Mutation funktionsunfähig geworden ist. Achten Sie bitte besonders auf die verschiedenen Blockierungen der Reaktionsabläufe, die durch die Schlangenlinien quer über den Reaktionspfeilen angezeigt sind. An diesen Stellen können sich z. B. Zwischenprodukte in ungewöhnlich hohen Konzentrationen anhäufen, weil sie nicht mehr weiterverarbeitet werden. So kann bei der Krankheit **Phenylketonurie** die Aminosäure Phenylalanin nicht mehr zu Tyrosin umgewandelt werden. Ihre Konzentration im Blutserum steigt so an, dass sie schließlich über die Nieren im Harn ausgeschieden wird. Das Phenylalanin wird dann auch auf Nebenwegen abgebaut, wobei einige der entstehenden Produkte durch ihre hohe Konzentration wahrscheinlich für die Schädigungen des Gehirns bei diesem Krankheitsbild verantwortlich sind. Sie können durch eine **Diät**, die arm an Phenylalanin ist, vermieden werden. Diese Stoffwechselstörung ist ein Beispiel für die **Pleiotropie**, d.h. dafür, dass ein Gen für die Realisierung mehrerer Merkmale (veränderter Harn, verschiedene Hirnschäden) zuständig ist.

2. Beispiel: **Sichelzellenanämie**
Es handelt sich um eine genetisch bedingte Krankheit des roten Blutfarbstoffes (Hämoglobin), die im reinerbigen Zustand tödlich endet. Trotz dieses Nachteils hält sich das Allel in Malariagebieten zu einem hohen Prozentsatz, weil die heterozygoten Träger des Allels einen kleinen Selektionsvorteil gegenüber Gesunden haben. Die einzelligen Erreger der Malaria können sich nämlich in den schwach geschädigten roten Blutkörperchen nicht vermehren. Der **Eiweißanteil** (Globin) des Blutfarbstoffes besteht normalerweise aus zwei α- und zwei β-Polypeptidketten. Die Erythrocyten verformen sich v. a. bei körperlicher Belastung zu Sichelzellen, weil in der β-Kette an einer Stelle eine falsche Aminosäure steht (Valin statt Glutaminsäure). Das veränderte Protein kann sogar mithilfe der **Elektrophorese** von dem normalen Hämoglobin abgetrennt werden, obwohl nur eine einzige funktionelle Seitenkette in der Hälfte seiner Bausteine verändert wurde! Bei mischerbigen Personen werden so-

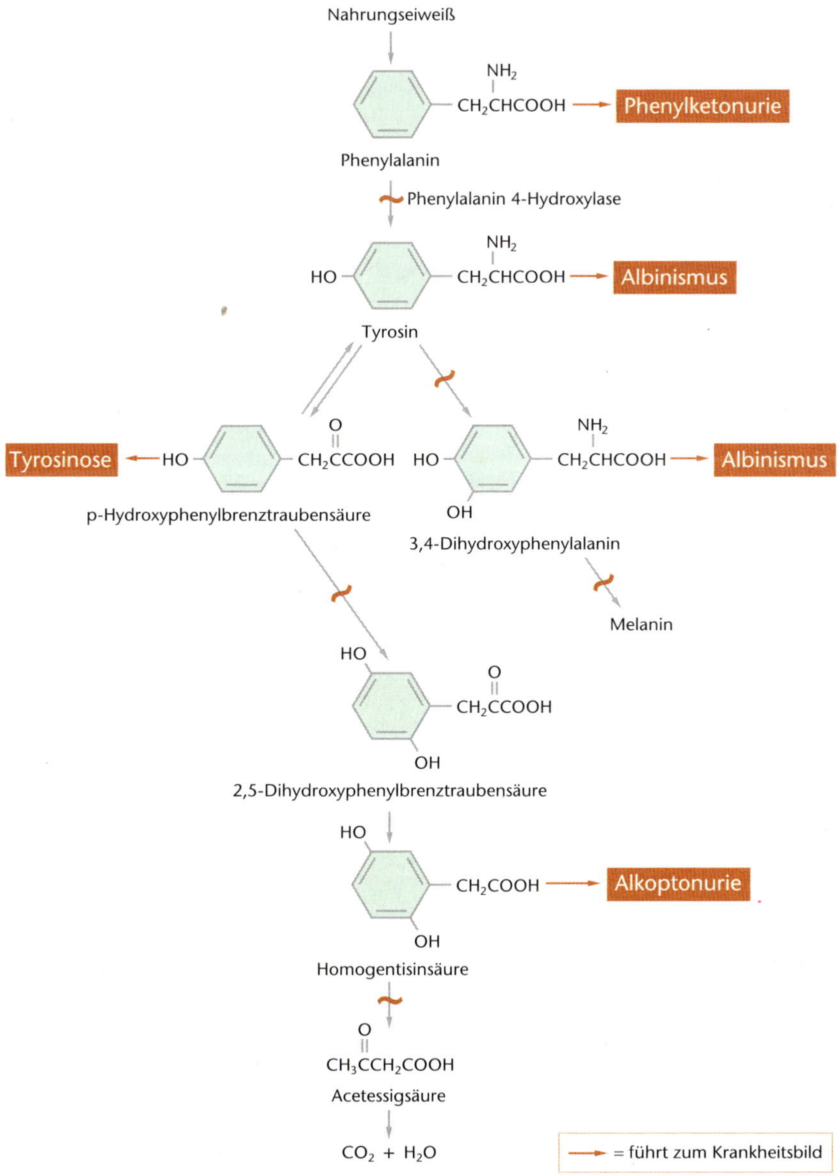

Abbildung 11 (verändert nach E. Günther, 1986)

wohl normale als auch mutierte β-Ketten gebildet, d. h., es werden beide Allele für die Proteinsynthese abgelesen, und der Phänotyp nimmt eine Zwischenstellung ein (vgl. intermediäre Erbgänge). Sind mehrere Gene an der Ausbildung eines Merkmals beteiligt, wie hier beim zusammengesetzten roten Blutfarbstoff, so spricht man von **Polygenie.**

2.3 Regulation der Genaktivität

Die DNA einer Zelle von Escherichia coli besitzt 3×10^6 Nucleotidpaare, das reicht grundsätzlich für Hunderte bis wenige Tausend Gene. Nahezu jedes Gen enthält die Information für eine Polypeptidkette, die allein oder gemeinsam mit anderen das Molekül eines bestimmten Enzyms aufbaut. Die Enzyme katalysieren spezifische biochemische Stoffwechselreaktionen, die entweder zum (abbauenden) Katabolismus oder zum (aufbauenden) Anabolismus gehören. Insgesamt braucht der Stoffwechsel Energie und Baustoffe, die in irgendeiner Form von außen zugeführt werden müssen und die beide nur knapp zur Verfügung stehen. Kann es sein, dass die unzähligen Reaktionen überall und gleichzeitig in einer Zelle oder in einem Körper stattfinden? Es bedarf keiner langen Überlegungen, um diese Frage sowohl für die Bakterienzellen als auch für die Zellen höherer Lebewesen zu verneinen. Jeder kann sich denken, dass der Stoffwechsel einer Leberzelle ganz andere Enzyme benötigt als der einer Nervenzelle, einer Muskelzelle oder einer Knochenzelle. Auch während der Entwicklung und des Wachstums gibt es so augenfällige und tief gehende Umgestaltungen, dass es schon verwunderlich wäre, könnte man keine Beweise für eine differenzielle Genaktivität **(Genexpression, Genregulation)** finden. Denken Sie nur an die komplizierten Metamorphosen der Schmetterlinge vom Ei zur Raupe und über das Puppenstadium zur fortpflanzungsfähigen Imago! Man kann sich gut vorstellen, dass es für ein sinnvolles Zusammenwirken in einem vielzelligen Organismus nur hinderlich wäre, wenn überall und gleichzeitig alle Enzyme tätig wären. Schon das Gebot der sparsamen Verwendung der Nährstoffe fordert selbst für die einzelligen Bakterien eine Beschränkung auf das Allernötigste. Es gibt aber auf der anderen Seite wohl auch einige Enzyme, die ständig in jeder Zelle gebraucht werden. So kann man aus nahe liegenden Gründen bei der Energiegewinnung durch den Abbau von Glucose kein An- und Abschalten von Genen beobachten. Die dort eingesetzten Enzyme nennt man **konstitutiv**, die anpassungsfähigen Enzyme heißen **adaptiv.**

Auf dem Weg vom Gen zum Phän gibt es einige Stationen, an denen Regulationsmechanismen angreifen können. Welche Abschnitte eignen sich hierfür? Man könnte

a) in die **Transkription** eingreifen,
b) die **Translation** beeinflussen,
c) die nicht benötigten Teile der **DNA** in bestimmten Zellen **eliminieren** und
d) die Aktivität der **Enzyme** selbst noch variieren.

Die Lebewesen benutzen jeden dieser Ansatzpunkte, wenn auch nicht alle gleich häufig. Wir wollen hier im Rahmen der Molekulargenetik nur a und b besprechen.
Fragen wir uns, wie solche Regulationsvorgänge auf die unterschiedlichen Anforderungen reagieren müssten:

> Im **abbauenden** Stoffwechsel sollte die Produktion von Enzymen, die gerade nicht benötigt werden, gänzlich abgeschaltet werden. Nur wenn der Nährstoff angeboten wird, läuft die Proteinsynthese zur Herstellung der entsprechenden Verdauungsenzyme an. Dies sind **induzierbare Enzymsynthesen.**
>
> Im **aufbauenden** Stoffwechsel werden die Enzyme ständig gebraucht, um Zell- und Körpersubstanz herzustellen. Sollte aber genug von diesen Substanzen vorhanden sein oder sollte die Produktion eines Proteins eingestellt werden, weil ein Insekt z. B. in einen anderen Entwicklungszyklus kommt, muss die Transkription an diesem Gen unterdrückt werden. Dahinter stehen **reprimierbare Enzymsynthesen.**

Die ersten Modellvorstellungen und Versuchsergebnisse zu den Problemen der Genregulation wurden um 1961 von den französischen Mikrobiologen F. Jacob und J. Monod vorgelegt. Sie untersuchten, wie E. coli mit verschiedenartigen Zuckern im Nährmedium zurechtkommt; normalerweise wird Glucose als Energiequelle verwertet, machmal andere Zucker. Das von ihnen entdeckte Regulationsprinzip wird deswegen als **Jacob-Monod-Modell** bezeichnet. Die entscheidende Idee war, dass alle Gene für jede Art von Stoffwechselschritt zu einem **Operon** zusammengefasst werden, dessen Aktivität durch Umweltfaktoren gesteuert wird.
Meist wird das **lac-Operon** von E. coli als Beispiel für ein induzierbares Operon gezeigt (Abbildung 12).

Dieses Operon ist zuständig für die Verwertung von Milchzucker (Lactose). Es besteht aus den Strukturgenen (Z, Y, A) für die Enzyme Galactosidase (spaltet die Lactose in Galactose und Glucose), Galactosidpermease (schleust die Lactose durch die Zellwand) und eine Transacetylase (Funktion nicht geklärt). Direkt in Nachbarschaft dieser Gene sitzen **Operator** (O) und **Promotor** (P), deren Basensequenzen sich zum Teil über-

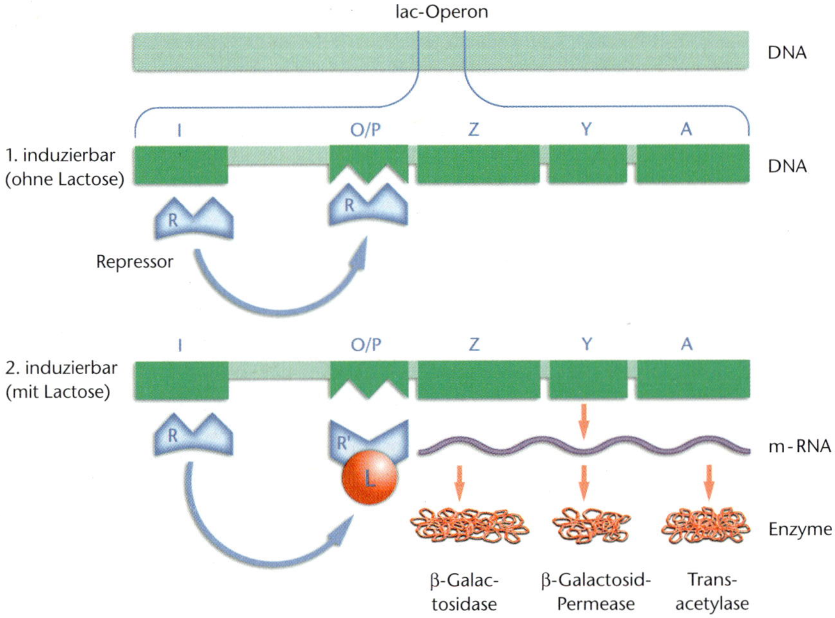

Abbildung 12: (aktualisiert nach E. Günther, 1986)

schneiden. Zu diesem Operon gehört weiterhin ein **Regulator**, der allerdings über sein Produkt, einen **Repressor** (R; ein Protein), wirkt und daher keinen direkten räumlichen Kontakt zu den anderen Genen haben muss.

Das lac-Operon funktioniert folgendermaßen:

Im Regelfall verbindet sich der Repressor mit dem Operatorabschnitt und blockiert dadurch den Promotor, weil sich beide überlappen. Der Promotor ist die Stelle, an der die m-RNA-Polymerase andockt. Die nachgeordneten Strukturgene können nicht abgelesen werden; man kann die entsprechenden Enzyme nicht nachweisen.

Ersetzt man die Glucose durch Lactose, diffundieren einige wenige Milchzuckermoleküle in die Zelle und verbinden sich mit dem Repressor. Hier reichen schon ganz wenige Zuckermoleküle, weil es in der Zelle nur max. 10 Repressormoleküle gibt (nur 0,002 % des zellulären Gesamtproteins). Die räumliche Struktur des Repressorproteins verändert sich in dieser Bindung, und es passt nicht mehr an den Operator. Der Promotor wird frei, sodass die RNA-Polymerase mit der Synthese der m-RNA entlang den drei folgenden Strukturgenen beginnen kann. Man spricht von einer **negativen** Kontrolle, weil die Transkription durch den Repressor unterdrückt wird.

Beispiel für ein reprimierbares Operon:
Aminosäuren werden von Bakterien normalerweise aus einfachsten Vorstufen synthetisiert. Manchmal, z.B. im Kulturgefäß eines Forschungslabors, können sie sich den Aufwand jedoch sparen, weil ihnen das fertige Endprodukt angeboten wird. Bei genügend großem Vorrat sollte daher die weitere Transkription der Strukturgene im zuständigen Operon unterdrückt werden. Eine solche reprimierbare Enzymsynthese ist das **Tryptophan-Operon** von E. coli. Das trp-Operon ist etwas länger als das lac-Operon, weil es 5 Strukturgene hat, sonst ist es gleichartig konstruiert. Der wirklich wichtige Unterschied liegt im Repressor. Er passt nämlich ohne Tryptophan **nicht** auf den Operator. Bei Mangel an der Aminosäure schreibt die RNA-Polymerase also fleißig die Informationen für die Enzyme ab. Auch das trp-Operon unterliegt der negativen Kontrolle, weil die Transkription durch einen Repressor unterbunden werden kann.
Bei Prokaryoten kann man die Regulation der Genaktivitäten wenigstens zum Teil auf molekularer Ebene erklären. Sie setzt dort häufig vor Beginn der Proteinsynthese an der Transkription an. Die Zellen der Eukaryoten sind in der Regel entschieden langlebiger als Bakterien oder Cyanobakterien. Ein eingefahrener Stoffwechsel darf bei einer Zelle, die in das relativ konstante Milieu eines mehrzelligen Organismus eingebunden ist, natürlich viel träger reagieren. Die m-RNA ist im Vergleich sehr stabil. Unsere Kenntnisse über die Genregulation bei Eukaryoten sind noch sehr bruchstückhaft, obwohl auf diesem Gebiet viel Forscherschweiß und Geld investiert wird.
Die entscheidenden Unterschiede im Vergleich zu den Prokaryoten sind:

- Bei Zellen mit echtem Kern sind die Transkription und die Translation räumlich getrennt. Der entstehende Messenger-Einzelstrang wird auf seinem Weg aus dem Kern auf vielfältige Weise verändert (vgl. Kapitel 2.1, Prozessierung).

- Die DNA des Chromatins besitzt eine Hülle aus verschiedenartigen Proteinen. Wahrscheinlich wirken diese Proteine bei der Aktivierung von einzelnen Chromosomenabschnitten zusammen. Sicher ist, dass die mengenmäßig größte Fraktion, die Histone, nur eine Nebenrolle spielt. Als eigentlicher Auslöser für die Entfaltung des DNA-Fadens im Chromatin kommt die kleine Gruppe der Nicht-Histon-Proteine infrage.
- Viele Steuerungsvorgänge wirken langzeitig oder sind gänzlich irreversibel.

Wir wollen hier nur die regulatorischen Phänomene aufführen, die man der Genetik leichter zuordnen kann. Die anderen gehören eher zu Themengebieten der Entwicklungsbiologie.

a) Manche Organismen können verlorene Körperteile sehr leicht regenerieren, bei anderen ist diese Fähigkeit fast verkümmert. Hierzu können auch niedere Würmer gehören, wie die Gruppe der Spulwürmer (Ascaris), die übrigens als Parasiten im Darm von Säugetieren leben. Während der Entwicklung zum ausgewachsenen Tier verlieren ihre Zellen ganze Chromosomen. Diese **Chromosomenelimination** ist durch ein Programm gesteuert, denn es wäre wohl nicht sehr sinnvoll, diesen Verlust dem Zufall zu überlassen. Beim Menschen oder allgemeiner bei Säugetieren kann man so etwas nicht beobachten, und doch denkt man als mögliche Erklärung für die **begrenzte Teilungsfähigkeit** unserer Körperzellen (etwa 50-mal) an den Verlust kleiner DNA-Stücke.

b) Meist bedient man sich zur Veranschaulichung der **differenziellen Genaktivität** der **Riesenchromosomen** aus den Speicheldrüsen mancher Insekten. Die Riesenchromosomen entstehen dadurch, dass Hunderte von Chromatiden und gleichzeitig auch die homologen Paare parallel nebeneinander liegen, weil die DNA nicht nach jeder Replikationsrunde wie üblich durch die Mitose getrennt wird. Nach entsprechender Färbung entsteht ein Bandenmuster. Man kann nun die aktiven Genorte direkt sehen. Wo die DNA für die Proteinsynthese entspiralisiert wird, ist das Bandenmuster verschwunden, und das Chromosom ist an dieser Stelle aufgebläht (sog. **Puff**). Die Verteilung der Aufblähungen an einem Chromosom, das Puffmuster, verändert sich im Laufe der Entwicklung der Insekten unter dem Einfluss von Hormonen, z. B. dem Häutungshormon **Ecdyson.** Gleichartige Veränderungen kann man auch in vitro beobachten, sodass man wenigstens einen Teil der Puffs direkt auf die Wirkung des Hormons zurückführen kann. Ähnliche Mechanismen werden auch für die Wirkung der Steroidhormone bei Wirbeltieren diskutiert.

c) Der Eiweißanteil des Hämoglobins besteht aus 4 Polypeptidketten. Zwei α-Ketten sind immer vorhanden, das andere Paar wechselt aber im Laufe der Entwicklung eines Menschen. Zuerst werden ε-Ketten produziert, der spätere Fetus bildet γ-Ketten, die nach der Geburt fortschreitend durch β-Polypeptide ersetzt werden. Beim Erwachsenen wird dieses ααββ-Hämoglobin schließlich noch von einer geringen Menge ααδδ-Hämoglobin begleitet. Im Laufe der menschlichen Entwicklung sind also verschiedenartige Gene für den roten Blutfarbstoff aktiv. Das Auftreten eines relativ hohen Anteils an fetalen γ-Hämoglobinen im Blut mancher Erwachsener versucht man mit dem **Operonmodell** (Abbildung 13) zu erklären.

d) Ganz neue und höchst interessante Einblicke in die genetische Regulation bei Eukaryonten ergaben die Untersuchungen des **Im-**

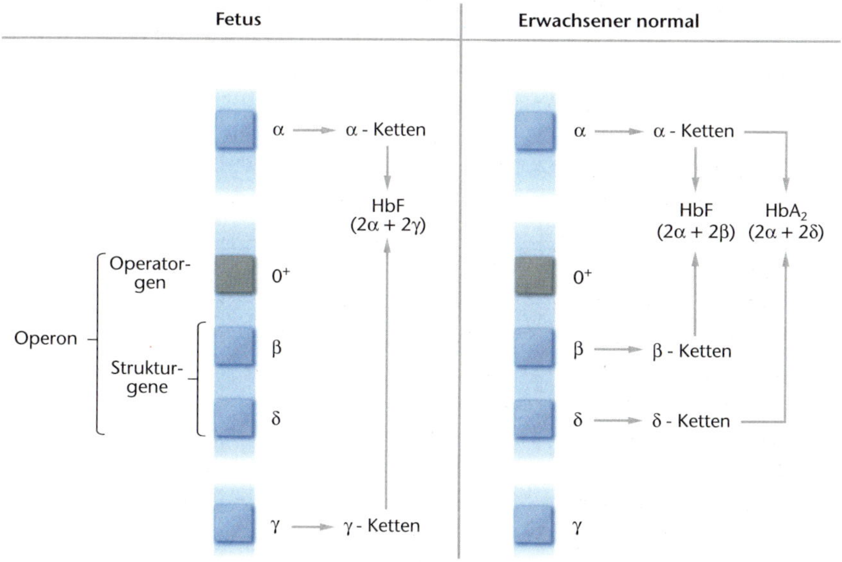

Abbildung 13 (verändert nach G. Czihak u. a., 1976)

munsystems von Wirbeltieren. In unserem Blut findet eine Antigen-Antikörper-Reaktion statt, wenn irgendwelche Krankheitserreger, fremde Zellen oder andere, meist großmolekülige Stoffe eingedrungen sind. Diese Antikörper gehören zu einer der 5 Immunglobulinklassen. Es handelt sich bei den Immunglobulinen um Eiweißmoleküle, die von den Immunzellen (weiße Blutkörperchen) über den bekannten Weg der Proteinsynthese hergestellt werden müssen. Und hier steckt das Problem für die genetische Forschung: Sie können sich vorstellen, dass die Zahl der benötigten Antikörpertypen fast unendlich groß ist, weil die Zahl der Antigene, d. h. die Zahl der „fremden" Verbindungen, mit denen unser Körper im Laufe des Lebens in Kontakt kommen kann, ebenfalls riesig ist. Wir haben in unserer Erbsubstanz aber nicht beliebig viel Platz, um für alle möglichen Fälle die entsprechenden Gene bereitzuhalten. Man schätzt heute die Zahl der Antikörper auf 10^6 oder mehr. Für das Immunsystem stehen dagegen nur etwa 300 Gene in embryonalen Zellen zur Verfügung. Wie hat unser Körper das Problem gelöst?
Im Grunde kennen Sie das Lösungsprinzip schon von der Verschlüsselung des genetischen Codes. Dort werden 4 Buchstaben im Triplett kombiniert, sodass man damit 20 Aminosäuren bezeichnen kann. Im Immunsystem werden folglich mehrere verschiedenartige

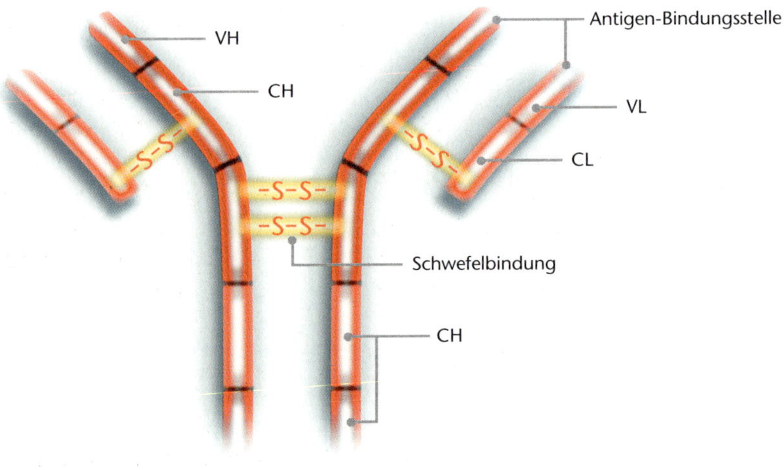

Abbildung 14: Struktur eines Immunglobulins: CH = konstanter Teil der schweren Kette, VH = variabler Teil der schweren Kette, CL und VL = konstanter und variabler Teil der leichten Ketten

Peptidketten zu einem funktionsfähigen Antikörperprotein zusammengesetzt. Ein typisches Immunglobulin besteht aus 2 jeweils identischen schweren und 2 identischen leichten Ketten, die jeweils aus mehreren Untereinheiten zusammengesetzt sind. Wichtig ist für uns v. a. die Unterscheidung in **variable** und in **konstante** Bereiche in beiden Ketten (Abbildung 14).
Für einen der beiden Teilbereiche der leichten Ketten stehen beispielsweise etwa 150 V-Sequenzen, 5 Joining-Sequenzen (J-Sequenz) und ein C-Abschnitt zur Verfügung. Auf der DNA sind diese Sequenzen durch nicht codierende Abschnitte (Introns) voneinander getrennt. Die Joining-Stücke dienen dazu, die V-Elemente mit den C-Elementen während der Reifung der Lymphocyten zu verbinden. Da dies nach dem Zufallsprinzip vor sich geht, ergeben sich daraus 750 Kombinationsmöglichkeiten ($5 \cdot 150$). Zusätzlich kann die Joining-Sequenz an der Bindungsgrenze zwischen V- und J-Stücken noch mehr oder weniger große Anteile abspalten, sodass wir die Kombinationsmöglichkeiten nochmals mit dem Faktor 10 multiplizieren können. Wir sehen, dass hier während der Reifung die Gene der Stammzellen für die späteren Lymphocyten neu kombiniert werden. Schließlich wird in jeder reifen Immunzelle ein anderes Genprodukt, sprich Antikörper, synthetisiert. Jede dieser reifen Lymphocyten teilt sich mehrmals, sodass ein Klon von Zellen entsteht, die alle denselben Antikörper herstellen. Man spricht von **somatischer Rekombination.** Außer dieser Neukombination der DNA gibt es weitere Mechanismen, die an der m-RNA angreifen, wie z. B. die Prozessierung (vgl. Kapitel 3.1). Wenn wir uns vorstellen, dass alle Einzelketten eines kompletten Immunglobulins auf diese Art und Weise nach einem Zufallsprinzip zusammengesetzt werden, kann man leicht verstehen, dass die Antikörpermoleküle in über 10^9 Variationsmöglichkeiten vorkommen können, also ausreichend, um auf Eindringlinge in unserem Körper passend zu reagieren.

2.4 Aufgabenbeispiele

Aufgabe 1

Nach welcher Formel werden die 64 Kombinationsmöglichkeiten der 3 Buchstaben in einem Triplettwort berechnet, wenn insgesamt 4 verschiedene Basen zur Verfügung stehen?

Aufgabe 2

Sind die Aussagen in den Punkten e) und g) auf S. 20 inhaltlich nicht identisch? Begründen Sie!

Aufgabe 3

Wie kann man die Transkription an den Lampenbürsten-Chromosomen experimentell nachweisen?

Aufgabe 4

Wie kann man mithilfe der Hybridisierungsmethode nachweisen, welcher Strang während der Proteinsynthese abgelesen wird?

Aufgabe 5

Stellen Sie jetzt mithilfe der Abbildung 6 eine kreisförmige Codesonne her, die den DNA-Code in die entsprechenden Tripletts der RNA überträgt. Im Zentrum der Kreise sollte jeweils die erste Base stehen. Diese Codesonne ist üblicherweise in den Lehrbüchern abgedruckt.

Aufgabe 6

Wie viele Typen von t-RNA gibt es eigentlich? Diese Frage können Sie nach dem bisherigen Text (vgl. S. 24 f.)nur zum Teil richtig beantworten. Sie könnten zwei verschiedene Schlussfolgerungen anbieten: 1. ?, 2. ?

Aufgabe 7

Listen Sie die Gründe auf, aus denen sich die Satelliten-DNA besonders gut für kriminaltechnische Untersuchungen zur Feststellung der Identität einer Person eignet. Beachten Sie dabei, dass persönliche Daten von Zeugen, Opfern und auch von vorläufig nur verdächtigten Personen schon möglichst durch die Art der erhobenen Daten geschützt werden müssen.

Aufgabe 8

Erklären Sie, warum man bei haploiden Organismen am Phänotyp erkennen kann, welches Allel sie besitzen. Warum kann man bei diploiden Organismen nicht ohne weiteres vom Phänotyp auf den Genotyp zurückschließen? Wahrscheinlich ist Ihnen schon aufgefallen, dass hier die Begriffe „dominant“ und „rezessiv“ eine Rolle spielen könnten. Versuchen Sie aber eine Erklärung zu finden, die die biochemische Leistung der Gene berücksichtigt.

Aufgabe 9

Überlegen Sie sich bitte die Konsequenzen folgender Aussagen: Die Nucleotidsequenzen aller Promotoren einer Zelle stimmen (a) überein oder (b) nicht überein. Beide Alternativen sind sinnvoll. Sie sollen die Konsequenzen für die Regulation der Proteinsynthese und des Stoffwechsels diskutieren. (Seien Sie wissenschaftlich kreativ, der Nobelpreis winkt.)

Aufgabe 10

Zeichnen Sie sich nach dem Vorbild des lac-Operons ein Schema für das trp-Operon, das bei Bakterien die Herstellung der Aminosäure Tryptophan regelt.

Aufgabe 11

F. Jacob und J. Monod haben ihre Modellvorstellungen hauptsächlich mithilfe von Mutanten eines Stammes von E. coli überprüft. Die Analyse der Forschungsergebnisse ist sehr schwierig. Sie können einige Gedankengänge aber rückwärts nachvollziehen. Erläutern Sie die aufgeführten Auswirkungen von Mutanten des lac-Operons.

a) Wie verhalten sich Zellen, die einen Repressor besitzen, der nicht an den Operator bindet?

b) Wie wirkt ein Repressor, der sich nicht mit Lactose bindet?

c) Wie verhalten sich Zellen, deren Operator konstitutiv geworden ist?

Aufgabe 12

Die Kurven zeigen die Änderung des Zahlenverhältnisses zwischen dem Wildtyp und einer konstitutiven Mutante im trp-Operon von Bacillus subtilis. Die Bakterientypen wurden längere Zeit unter konstanten Bedingungen nebeneinander in einem Gefäß mit einem Vollnährmedium inklusive Aminosäuren kultiviert. Bei Kurve a war das Ausgangsverhältnis 10 Mutanten/1 Wildtyp, bei Kurve b 1 Mutante/10 Wildtypen. Interpretieren Sie die Kurven unter den Gesichtspunkten Selektionsvorteil und Evolution.

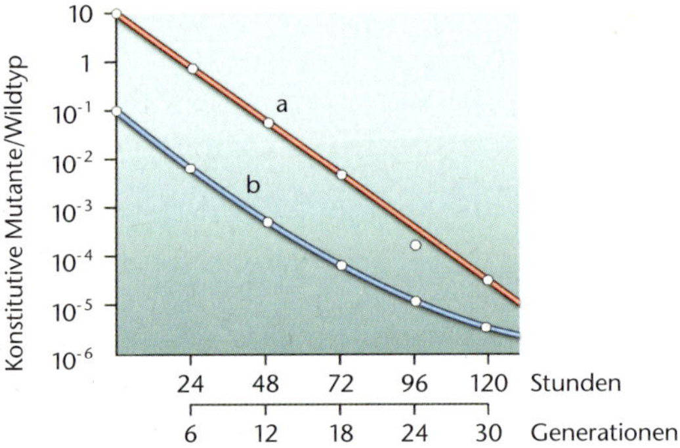

Abbildung 15 (verändert nach F. Kaudewitz, 1973)

Aufgabe 13

Ein ganz bestimmter Zelltyp des Spulwurms darf die Chromosomenelimination von überflüssigem (?) Material (siehe S. 34) nicht mitmachen. Welche Zellen sind dies?

Aufgabe 14

Welche Mutation würde dafür sorgen, dass die auf S. 35 f. beschriebene Abweichung vom normalen Blutbild bei Erwachsenen auftritt?

2.5 Lösungsvorschläge

Aufgabe 1

$4^3 = 64$

Aufgabe 2

Nein; denn e) sagt zwar, dass verschiedene Tripletts dieselbe Aminosäure codieren, g) hingegen schließt aus, dass ein Triplett mehrere Aminosäuren bestimmen kann.

Aufgabe 3

Sie sollen ein Versuchskonzept vorschlagen, was normalerweise als hohes Anforderungsniveau eingestuft wird. Hier handelt es sich um eine relativ einfache Fragestellung. Da bei der Transkription an der DNA eine Messenger-RNA gebildet wird, könnte man diese mit radioaktivem Uracil markieren. Trennt man bei der Präparation der Lampenbürstenchromosomen alle übrigen RNA-Sorten ab, weist eine Schwärzung der fotoempfindlichen Schicht über den Chromosomen nach, dass dort RNA gebildet wurde.
Eine andere gängige Methode ist die Hemmung einzelner Stoffwechselschritte durch spezielle Substanzen. Bei Eukaryoten ist z.B. das Gift des Grünen Knollenblätterpilzes (α-Amanitin) geeignet, die Transkription abzubrechen. Findet man nach Behandlung mit diesen Substanzen im mikroskopischen Bild nackte Schleifen, deutet dies auf gestörte Transkription hin.

Aufgabe 4

1. Klare Formulierung der Problemstellung:
Da die Reihenfolge der Basen nur ganz selten in beiden Richtungen identisch ist (sog. Palindrom, z.B. EINNEGERMITGAZELLEZAGTIMREGENNIE), würde beim Ablesen beider Stränge jeweils eine andere Information bzw. ein anderes Protein herauskommen. Die Frage lautet also: Wird nur einer der beiden DNA-Stränge transkribiert oder beide?

2. Hybridisierungstechnik:
Man erhitzt die DNA bis auf 60–90°C. Dadurch werden die relativ schwachen Bindungen der Wasserstoffbrücken gelöst (Denaturieren). Aus der Doppelhelix entstehen Einzelstränge, die im Übrigen völlig intakt sind und sich beim Abkühlen aufgrund der komplementären Basenfolgen auch wieder richtig zusammenfinden (Renaturieren). Solche einsträngige DNA mischt man mit m-RNA im Überschuss.

Beim anschließenden gemeinsamen Renaturieren werden sich zu einem gewissen Prozentsatz hybride Doppelstränge aus DNA und RNA zusammenfinden. Voraussetzung ist noch, dass man eine DNA nimmt, die möglichst vollständig abgelesen wird. In der Regel gilt das für die Genome von Bakteriophagen.

3. Interpretation der Ergebnisse:

Falls bis max. 50 % der DNA mit der m-RNA hybridisieren, passt nur eine Hälfte der α-Helix der DNA zur Boten-RNA.

Liegt der Anteil über 50 %, müsste die RNA mit beiden Strängen der DNA hybridisieren.

Die Aussagekraft des Experiments wäre noch zu steigern, wenn man die beiden Stränge der α-Helix aufgrund eines Ungleichgewichts zwischen Purin- und Pyrimidinbasen in eine leichte und in eine schwere Fraktion trennen könnte. Renaturiert man dann jeweils mit markierter m-RNA, wird der radioaktive DNA/RNA-Hybrid nur einmal zu finden sein. Tatsächlich dient nur eine DNA-Hälfte als **codogener** Strang. Allerdings kann mal die eine, mal die andere Seite der α-Helix gewählt werden.

Relativ zum Chromosom ändert sich dabei die Laufrichtung der RNA-Polymerase, weil sie nur vom 5'- zum 3'-Ende lesen kann.

Aufgabe 5

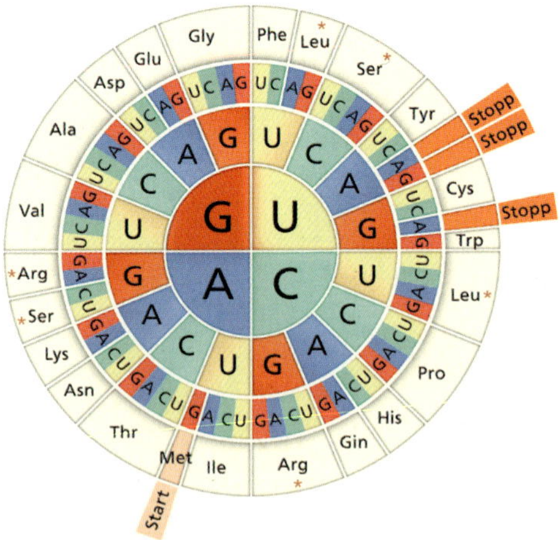

Abbildung 16 (aktualisiert nach C. Bresch und R. Hausmann, 1970)

Aufgabe 6

Sie können Ihre Antworten aus folgenden Überlegungen ableiten:
1. Die Anzahl der t-RNAs wird durch die Zahl der natürlichen Aminosäuren bestimmt; folglich gäbe es 20 verschiedene t-RNA-Moleküle.
2. Wir kennen 61 codierende Tripletts, für die es die entsprechenden Anticodone an 61 verschiedenen t-RNA-Molekülen geben müsste.
Die genaue Zahl der t-RNAs kann man heute noch nicht angeben. Die **Wobblehypothese** von Crick und bestätigende Experimente lassen erst eine Teilantwort zu. Wobble heißt „wackeln" – so wird ausgedrückt, dass das Anticodon der t-RNA nicht genau auf das entsprechende Triplett der m-RNA passen muss. Wie Sie schon bei der Besprechung des genetischen Codes gesehen haben, ist die dritte Base in vielen Fällen nicht eindeutig festgelegt. In einigen Fällen (z. B. Alanin, Prolin, Serin) könnte es sogar jede beliebige der vier Basen sein. Außerdem gibt es im Anticodon der t-RNA einige Basen, die man sonst in den anderen Nucleinsäuren nicht findet. Diese Erscheinungen lassen sich am einfachsten erklären, wenn sich die t-RNA an ihrer Position im Ribosom ein wenig bewegen kann, sodass auch untypische Paarungen zwischen den Tripletts möglich sind. Die Anzahl der t-RNA ist also sicher geringer als 64, wie es der Zahl der Tripletts auf der m-RNA entsprechen würde.

Aufgabe 7

Pilze gehören zu den Eukaryoten, ihre Genetik ist daher weitgehend mit der höherer Organismen vergleichbar. Einige haben den zusätzlichen Vorteil, dass sie die meiste Zeit haploide Kerne haben und genetische Veränderungen sofort am äußeren Erscheinungsbild erkannt werden können. Durch ihre Kleinheit und die leichte Kultivierbarkeit sind besonders die Hefen für die Untersuchungen in Laboratorien ähnlich gut geeignet wie Bakterien.

Aufgabe 8

Die Frage wird üblicherweise nicht in dem Zusammenhang mit der Proteinsynthese gesehen. Man kann sich hier aber die Bedeutung des Allels recht leicht klarmachen. In haploiden Organismen gibt es ein bestimmtes Gen nur in einfacher

Ausführung, dessen Produkt folglich das davon abhängige Merkmal bewirkt. Wird ein funktionsfähiges Enzym gebildet, sieht man in der Regel den Wildtyp im Erscheinungsbild. Fällt eine Stoffwechselreaktion aus, verändert sich der betroffene Organismus. Bei diploiden Organismen liegen von jedem Gen zwei Exemplare vor. Beide werden abgelesen, weil sie auf verschiedenen Chromosomen liegen. Unterscheiden sich die beiden Allele, hängen die Auswirkungen von der Funktionsfähigkeit der Genprodukte ab. Aller Wahrscheinlichkeit nach wird die Wirksamkeit eines Enzyms durch eine Mutation sehr viel schlechter. In diesem Fall muss der Organismus mit der Produktion des Partnerallels auf dem anderen Chromosom zurechtkommen; in den meisten Fällen reicht dies auch tatsächlich aus. In der klassischen Genetik sagt man, das Wildtypallel sei dominant.

Aufgabe 9

a) Die Promotorsequenz ist die Bindungsstelle für die RNA-Polymerase; sind alle gleich, müssen die Polymerasemoleküle einer Zelle alle identisch konstruiert sein, was Platz für Gene einspart. Da die Polymerase ständig gebraucht wird, ist die Synthese ungeregelt und im Vokabular der Regelmechanismen als konstitutiv zu bezeichnen. Alle anderen Regulationseinheiten **(Regulon)** müssen über einen eigenen Operator an- oder ausgeschaltet werden.

b) Gibt es verschiedene Polymerasemoleküle, ist eine Regulation über die Aktivität der Promotorregion möglich. Die Zelle muss zwar eine etwas umfangreichere genetische Information bereithalten, kann aber dafür flexibler auf Umwelteinflüsse reagieren, weil eine zusätzliche Ebene in der Regelstrecke eingesetzt werden kann.

Aufgabe 10

a) zu wenig Trp vorhanden

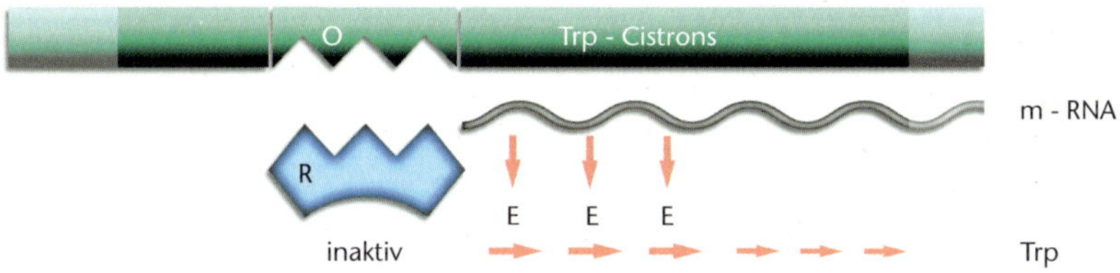

b) ausreichend Trp vorhanden

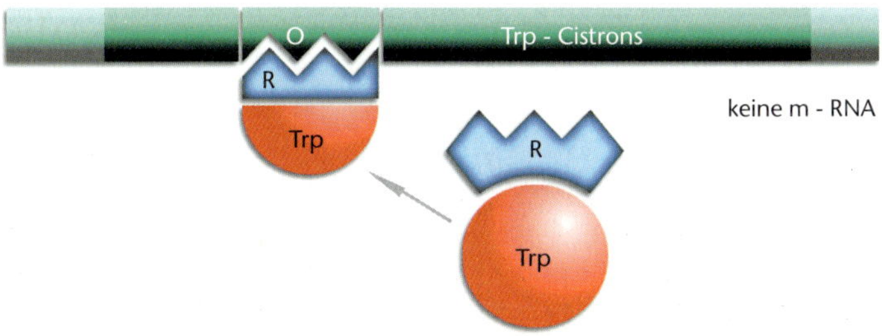

Abbildung 17 (aktualisiert nach E. Günther, 1986)

Aufgabe 11

a) Da der Repressor nicht an den Operator passt, werden die nachfolgenden Gene ständig abgelesen, die Enzymproduktion ist konstitutiv.

b) Der Repressor kann nicht inaktiviert werden und blockiert dauerhaft den Operator. Die Enzymproduktion ist nicht induzierbar.

c) Die Bakterien müssen ständig große Mengen eines Enzyms herstellen, das unter normalen Bedingungen nicht gebraucht wird.

Aufgabe 12

Beide Kurven zeigen, dass der Anteil an Mutanten von Generation zu Generation bis auf einen Wert unter 1 : 10000 abnimmt. Die Ursache dürfte darin liegen, dass die konstitutiven Mutanten zu viel Aufwand treiben müssen für die Produktion eines unnötigen Enzyms. Dadurch wird ihre Wachstumsgeschwindigkeit gegenüber dem Wildtyp so stark herabgesetzt, dass ihre relative Anzahl in der Kultur fortlaufend zurückgeht. Kurve b nähert sich schon früher dem minimalen Anteil an Mutanten an. Diese Beobachtung zeigt die enorme Bedeutung der Regulationsmechanismen für die Evolution von Lebewesen, die sparsam mit Ressourcen umgehen müssen.

Aufgabe 13

Sicher dürfen die Zellen der Keimbahn keine Chromosomen eliminieren.

Aufgabe 14

Das Operonmodell zeigt, dass die β- und δ-Globinketten von einem gemeinsamen Operator abhängen. Eine Mutation in der Operatorregion, die diesen Genabschnitt blockiert, würde die Produktion des normalen Hämoglobins eines Erwachsenen verhindern. Ersatzweise bleiben die fetalen Gene aktiv, weil das Gen für die γ-Ketten unter der Kontrolle eines anderen Operators steht.

Kapitel 3

Welche Mutationstypen sollte man kennen?

Mutationen sind dauerhafte Veränderungen des Erbgutes, die an die Nachkommen der betroffenen Lebewesen weitergegeben werden. Bei mehrzelligen Organismen muss man unterscheiden, ob Körperzellen (**somatische** Mutationen) von solchen Erbänderungen betroffen sind oder ob die Zellen der Keimbahn (**generative** Mutationen) verändert sind. Im ersten Fall wird die Veränderung des Erbgutes nur an die nachkommenden Zellen innerhalb eines Organismus weitergegeben. Er besteht dann in der Regel aus einem **Mosaik** von verschiedenartigen Zellen. Somatische Mutationen werden im Schulunterricht normalerweise nicht näher behandelt, weil keine grundlegenden Unterschiede zu Mutationen in den Fortpflanzungszellen erkennbar sind. Für ein Lebewesen können sie durchaus von Bedeutung sein, selbst wenn sie sich nur als pigmentlose Flecken auf der Haut äußern sollten. Die Vorgänge, die zu einer Mutation führen, nennt man **Mutagenese.** Die veränderten Organismen heißen **Mutanten** im Vergleich zum **Wildtyp.**
Meist werden die Mutationen nach der Menge des betroffenen genetischen Materials eingeteilt:

Ploidiemutationen (Genommutationen, numerische Chromosomenaberrationen) verändern die **Anzahl einzelner Chromosomen** oder ganzer Chromosomensätze (Beispiel: Trisomie, Tetraploidie). Sie entstehen durch Störungen bei Mitose oder Meiose.

Chromosomenmutationen (Segmentmutationen, strukturelle Chromosomenaberrationen) führen zu lichtmikroskopisch erkennbaren **Umbauten** im Chromosom und zur Umlagerung, zum Verlust, zum Einbau oder zur Verdoppelung von Genen.

Genmutationen (Punktmutationen) betreffen nur einzelne Gene; am DNA-Molekül werden nur wenige oder ein einziges Nucleotid verändert.

Mutationsraten, d.h. der Anteil der Mutanten in einer Population, sind nur schwer abzuschätzen, weil man eigentlich nur bei haploiden Organismen die Veränderungen einigermaßen sicher und schnell entdecken kann. Aber auch in diesen Fällen muss man sich bei der Angabe einer allgemeinen Mutationsrate eine sehr große Bandbreite dazudenken. Die Gene eines Organismus mutieren darüber hinaus nicht alle mit gleicher

Häufigkeit. Bei höheren Organismen erwartet man eine **spontane** Mutation pro 10^5 Genen innerhalb einer Generation. Mit dem Begriff „spontan“ meint man hier unter durchschnittlichen, natürlichen Bedingungen.

3.1 Genmutation

Diese Mutationen kommen in allen Genen vor. In anderen Zusammenhängen haben wir schon menschliche Erbkrankheiten kennen gelernt, die durch solche Mutationen entstehen. Das Typische an diesen Krankheiten ist, dass man sie nicht heilen kann, weil bis jetzt keine gezielten Eingriffe in das Erbgut möglich sind (vgl. Kapitel 6). Man kann jedoch die Auswirkungen des genetischen Defektes in einigen Fällen gut mildern. Ein Beispiel hierfür ist die Phenylketonurie (siehe S. 29), die auf einem Enzymdefekt beruht. Die meisten Mutationen haben negative Auswirkungen für die betroffenen Zellen und Lebewesen. Sehr wenige haben einen positiven Effekt, d. h., nur sehr selten kann man beobachten, dass die Wirksamkeit eines Enzyms durch die Veränderung des Gens verbessert wird.

3.1.1 Austausch von Basen

Die Wirkung dieser Mutation hängt stark von der Position des Fehlers und der Bedeutung der neuen Base ab. Wir können das am einfachsten an einem Sprachspiel verdeutlichen:

MANBOHRTNICHTINDERNASE ⇒ Wildtyp
MANBIHRTNOCHTINDERNASE ⇒ Unsinn
MAXBOHRTNICHTINDERNASE ⇒ sinnvoll, aber neu

Biologisches Beispiel:
Die Tabelle S. 49 oben zeigt die Wirkungen einiger Mutationen in der β-Kette des Hämoglobins.

Dies ist nur eine kleine Auswahl aus der großen Zahl der bekannten Mutanten dieses Gens. Gibt es wie hier mehr als zwei allele Zustände von einem Gen, spricht man von **multipler Allelie**. Gerade bei einigen gut untersuchten Proteinen des Menschen stößt man noch auf weitere Beispiele für diese Erscheinung; so bespricht man im Unterricht meist die Vererbung der Blutgruppen (siehe Kapitel 5).

Zusammenhang zwischen Basenaustausch und Genwirkung:		
m-RNA	AS-Sequenz	Wirkung
-C-C-U-G-A-G-G-A-G-	-Pro-Glu-Glu-	⇒ Normaltyp
-C-C-U-G-A-A-G-A-G-	-Pro-Glu-Glu-	⇒ normal wegen degenerierten Codes
-C-C-U-G-C-G-G-A-G-	-Pro-Ala-Glu-	⇒ normal, Enzymaktivität nicht verändert
-C-C-U-G-U-G-G-A-G-	-Pro-Val-Glu-	⇒ Sichelzellenanämie, Enzymaktivität herabgesetzt
-C-C-U-U-A-G-G-A-G-	-Pro-	⇒ Stopptriplett, Kettenabbruch, nicht lebensfähig

3.1.2 Rasterverschiebung

Solche Mutationen kommen durch den Ausfall eines oder mehrerer Nucleotide zustande. Fehlen schon am Anfang eines Gens Nucleotide (nicht 3 oder ein Vielfaches von 3!), wird das Ableseraster der RNA-Polymerase in allen nachfolgenden Tripletts verschoben, das Ergebnis kann nur eine unsinnige m-RNA sein. In anderen Fällen sind die Folgen einer Rasterverschiebung weniger dramatisch. Es kann sogar zufällig passieren, dass sich zwei Einschübe gegenseitig neutralisieren.

-A-G-A-	C-C-C-	G-U-A-	A-A-C-	⇐ m-RNA des Wildtyps
Arg	Pro	Val	Asn	⇐ Aminosäure-Sequenz des funktionsfähigen Proteins
-A-G-A-	A-C-C-	C-G-U-	A-A-A-C-	Verdoppelung (Duplikation von A)
Arg	Thr	Arg	Lys	
-A-G-A-	C-C-C-	U-A-A-A-C-		Deletion (Ausfall von G), Stoppsignal
Arg	Pro	Stopp		
-A-G-A-	A-C-C-	C-G-U-	A-A-C-	Deletion und Duplikation heben sich gegenseitig auf, wenn sie kurz hintereinander liegen. Nur 2 Aminosäuren sind falsch, Pseudowildtyp oder Rückmutation
Arg	Thr	Arg	Asn	

Man weiß bis heute relativ wenig über den genauen Auslösemechanismus solcher Mutationen. Es sind allerdings viele chemische Substanzen als mutagen bekannt, und jedermann kennt inzwischen die Gefahren für die DNA, die von energiereichen Strahlen (UV-Strahlen, Röntgenstrahlen, radioaktive Strahlung) ausgehen.

3.2 Chromosomenmutation

Nach den folgenden Begriffen wird häufig gefragt. Oft sollen dabei Bilder von Riesenchromosomen aus den Speicheldrüsen der Insekten interpretiert werden. Die Lösungen sind leicht zu finden, weil man die ausgefallenen Chromosomenstücke auf den schematischen Zeichnungen sofort erkennt.
Zu den Chromosomenmutationen wollen wir hier nur solche Mutationen zählen, die an Chromosomen auftreten. Sie sind dort häufig sogar mit dem Lichtmikroskop zu entdecken.
Es gibt folgende Typen, die wir mit ein paar Wortspielen veranschaulichen wollen:

Stückverlust **(Deletion)**	CHROMOSOM CHROMO
Stückverdoppelung **(Duplikation)**	CHROMOSOM CHROMOMOSOM
Stückaustausch zwischen nichthomologen Chromosomen **(Translokation)**	CHROMOSOM MUTATOSOM CHROMION MUTATION
Drehung eines Segmentes **(Inversion)**	CHOMORSOM

Die Konsequenzen solcher Mutationen für die **Lebensfähigkeit** bzw. **Fortpflanzungsfähigkeit** hängen weitgehend von der Zahl der betroffenen Gene ab und, wie bei diploiden Organismen nicht anders zu erwarten, davon, ob der Fehler im hetero- oder homozygoten Zustand vorliegt. Lebensfähige **Deletionsmutanten** sind von genetisch gut untersuchten Objekten wie Drosophila oder Mais bekannt. Beim Menschen hat man bei Patienten mit schlimmen Krankheitsbildern als Ursache Deletionen an kleinen Chromosomen gefunden (z.B. das mit schweren geistigen Störungen verbundene Katzenschrei-Syndrom; das Schreien der Babys klingt wie Katzengeschrei). Bei **Duplikationen** rechnet man naturgemäß mit weniger Störungen. Es wird vermutet, dass die vielen repetitiven (wiederholten) Sequenzen für r-RNA, t-RNA usw. oder die verschiedenen, ähnlichen Polypeptidketten des Hämoglobins auf diesem Weg entstanden sind. In der Drosophilagenetik beobachtet man fortschreitende Schädigungen an den Facettenaugen der Tiere bei mehrfachen Duplikationen der sog. bar-Region auf dem X-Chromosom. Die Verminderung der Zahl an Ommatidien (Einzelaugen) ist bei homozygoten Weibchen oder bei Männchen besonders ausgeprägt (Beispiel der Schulbiologie). Offensichtlich gibt es hier **Dosis-** oder **Positionseffekte,** die sich innerhalb des gesamten Genoms nachteilig bemerkbar machen. Die XY-Männchen sind schon im heterozygoten Zustand betroffen, weil sie auf dem Y-Chromosom kein entsprechendes Normalallel besitzen. Bei **Translokation,** dem Stückaustausch zwischen nichthomologen Chromosomen, ändert sich der Genbestand insgesamt zwar nicht, trotzdem kann sich die Mutation im Phänotyp auswirken, weil auch hier Positionseffekte zum Tragen kommen. Gut untersuchte Objekte sind v. a. einige Pflanzengattungen (u. a. Erbse, Nachtkerze, Pfingstrose), bei denen sich durch solche Translokationen sogar neue Rassen bilden.

Anmerkung: Da Chromosomenmutationen in der Regel zu Störungen bei den Kernteilungen führen, sind die Mutanten selten fortpflanzungsfähig. Diese Erscheinung macht man sich bei einer sehr eleganten Art der biologischen Schädlingsbekämpfung zunutze. Man bestrahlt dazu z. B. die Männchen einer Insektenart mit Röntgenstrahlen einer genau eingestellten Intensität. Die Tiere sollen in ihrer Beweglichkeit nämlich nicht eingeschränkt sein, nur die Gameten sollen defekt werden. Lässt man diese Mutanten zur natürlichen Paarungszeit der Art in sehr großen Zahlen frei, werden sie mit den wilden Männchen um Weibchen konkurrieren. Die befruchteten und normal abgelegten Eier werden sich nicht entwickeln können. Die Vorteile dieser Methode sind, dass nur die eine Art gezielt bekämpft wird, dass sie hierbei aber nicht völlig ausgerottet, sondern ihre Anzahl nur unter die Schadschwelle herabgesetzt wird. Von Nachteil ist, dass die Methode sehr aufwendig und teuer ist.

3.3 Ploidiemutation

Weicht die Zahl der Chromosomen von der Normalzahl ab, spricht man von einer Ploidiemutation. Jede Tier- oder Pflanzenart hat ihre **charak-**

teristische Chromosomenzahl (z. B. Menschen 46 Chromosomen), offensichtlich meint man bei diploiden Organismen den Zustand der Körperzellen bzw. der Zygote. Als normal wird zusätzlich das haploide Stadium der Gameten interpretiert. Niedere Tier- und Pflanzenarten haben nicht selten haploide Körperzellen, die diploide Zygote ist dann in der Regel nur ein kurzes Übergangsstadium während der sexuellen Fortpflanzung. Bei einigen Insekten (z. B. Bienen) besitzen die Männchen nur einen haploiden Chromosomensatz. All dies wird als Normalsituation aufgefasst, und wirklich nur die Abweichung von der arttypischen Zahl wird als echte Mutation interpretiert. Als natürliche Ursache für das Entstehen der Ploidiemutationen sind Störungen der Verteilung der Chromosomen während der Kernteilungen anzusehen. Experimentell vergiftet man den Spindelapparat der Zellen wie schon erwähnt mit Colchicin, einem Alkaloid aus der Herbstzeitlosen (Colchicum autumnale). Entfernt man das Gift durch Verdünnen, teilen sich die Zellen anschließend wieder normal und bleiben dabei oft polyploid.

Anmerkung: Meist wachsen allerdings die colchicinierten Zellen schlechter als normale, sodass sie in einem Mischgewebe bald wieder eliminiert werden.

Ploidiemutationen sind im Tierreich sehr selten, im Pflanzenreich können sie überleben. Der Mutationstyp spielt sogar in der Züchtung von Nutzpflanzen eine recht große Rolle (vgl. Kapitel 7). Hier reicht eine kurze Zusammenstellung der verschiedenen Variationen der Chromosomenzahlen bzw. eine kurze Begriffserklärung.
Euploidie ist die Vermehrung oder Verringerung ganzer Chromosomensätze. Kommt selten im Tierreich, öfter im Pflanzenreich vor. Innerhalb dieser Gruppe ist die **Autopolyploidie**, bei der eine Art ihr eigenes Genom vervielfältigt, zu unterscheiden von der **Allopolyploidie**, die durch Verschmelzung von Genomen zweier oder mehrerer verschiedener Arten, manchmal kombiniert mit zusätzlichen Verdoppelungen, entsteht.
Fehlen nur einzelne Chromosomen oder sind sie mehrfach vorhanden, spricht man von **Aneuploidie.** Das Fehlen eines Chromosoms **(Monosomie)** ist fast immer letal, ausnahmsweise kann bei Säugetieren die X0-Konstellation überleben. Beim Menschen heißt das (übrigens sehr variable) Erscheinungsbild **Turner-Syndrom.** Die meisten betroffenen Personen haben weibliches Aussehen, sind kleinwüchsig und haben nur rudi-

mentäre primäre und sekundäre Geschlechtsmerkmale. Bei den Geschlechtschromosomen ist auch die Vermehrung einzelner Chromosomen mit dem Leben vereinbar. Eine **Trisomie** des Typs XXX ist im äußeren Erscheinungsbild selten erkennbar. XXY- oder gar XXXY-Konfigurationen führen zum **Klinefelter-Syndrom** mit Störungen in der körperlichen und geistigen Entwicklung.
Weithin bekannt ist die Trisomie 21, die zum **Down-Syndrom** führt. Die Merkmale sind schmale Lidspalte, gedrungener Körperbau, Kurzgliedrigkeit, Schwachsinn und andere wechselnd starke Entwicklungsstörungen. Die Trisomie des Chromosoms Nr. 21 ist die weitaus häufigste autosomale Ploidiemutation beim Menschen, deren Auftreten allgemein stark vom Alter der Eltern abhängt. Die Häufigkeit der Trisomie 21 nimmt bei Müttern ab 40 Jahren auf 1% zu und steigt dann schnell auf 2,5% bei solchen, die älter als 45 Jahre bei der Geburt sind. Aber auch das Alter des Vaters spielt eine Rolle.

3.4 Mutation und Modifikation

Das Erscheinungsbild eines Lebewesens wird von seinem Genotyp und von der Umwelt bestimmt. Alle inneren und äußeren Einflüsse, die die genetischen Strukturen nicht verändern, führen zu **Modifikationen.** Das entscheidende Kriterium ist, dass sie nicht dauerhaft an die nachfolgenden Generationen weitergegeben werden. Die Effekte der verschiedenartigen Faktoren lassen sich unter experimentellen Bedingungen recht leicht bestimmen. Man arbeitet dabei mit Untersuchungsmaterial, das genetisch möglichst einheitlich ist. Genetisch identisch sind alle Organismen, die zu einem Klon gehören. In vielen Fällen muss man sich mit einer **reinen Linie** zufrieden geben. Unter diesem Begriff fasst man Organismen zusammen, die in einem oder in mehreren Genen übereinstimmen. Solche genetisch einheitlichen Populationen kennt man in der Tier- und Pflanzenzucht. In dieser praktischen Anwendung spielen die Begriffe **Reaktionsnorm** und **Variationsbreite** eine wichtige Rolle. Anschaulich gesagt, fragt sich der Praktiker, welche Wirkungen mit verbesserter Fütterung oder mit höherem Düngeraufwand bei einer bestimmten Tierrasse oder Nutzpflanzensorte erreicht werden können. Denn mit solchen Maßnahmen lassen sich die Erträge nur bis zu einer genetisch vorgegebenen Grenze steigern, über die hinaus mehr Aufwand nicht nach Wunsch umgesetzt wird. Kleinwüchsige Sorten z.B. lassen sich mit keiner noch so raffinierten Maßnahme zu Riesenexemplaren heranziehen. Die Zusammenhänge sind schon 1903 von W. L. Johannsen an einer erblich einheitlichen Bohnensorte untersucht und mathematisch beschrieben worden. Er hat die Größe der geernteten Bohnen eines ganzen Feldes ausgemessen, in Klassen (z.B. von 1 mm) eingeteilt und die Exemplare pro Klasse ausgezählt. Sämtliche Werte gruppieren sich um einen Mittelwert, die Extreme treten relativ selten auf. Trägt man in einem Diagramm auf der Abszisse die Längen und auf der Ordinate deren Häufigkeiten auf und verbindet die Punkte miteinander, so entsteht die typische Kurve einer gaußschen Normalverteilung (Abbildung 18).

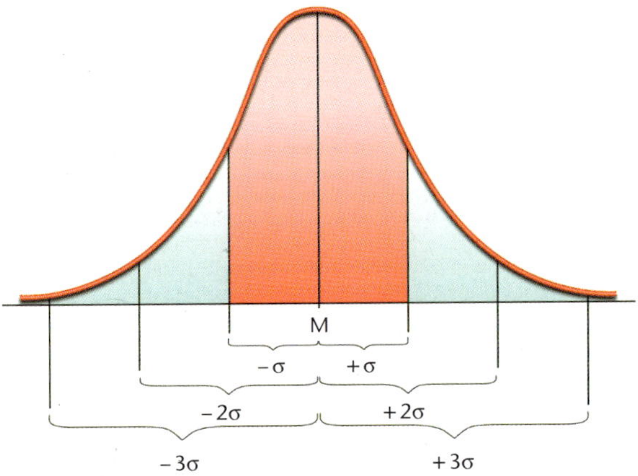

Abbildung 18 (verändert nach E. Günther, 1986)

In der gezeigten **Modifikationskurve** sind als wichtige Kenngrößen die **Streuung** σ und Vielfache davon eingetragen. In der markierten Fläche bis zu den Grenzen ± σ links bzw. rechts vom Mittelwert M findet man die Werte von etwa 68 % aller Bohnen wieder; geht man beidseitig bis ± 2 σ, sind es schon ca. 95 %, und innerhalb der dreifachen Streuung liegen 99,7 %. Man kann sagen, dass alle Werte, die innerhalb dieser Grenzen liegen, mit sehr hoher Wahrscheinlichkeit zu einer Population gehören oder innerhalb einer Reaktionsnorm liegen. Man erwartet fast immer, dass gleichartiges biologisches Material durch die verschiedenartigen Umwelteinflüsse, die im Einzelnen gar nicht bestimmt werden können, in der dargestellten Weise reagiert.
Mit der Längenverteilung der Bohnen haben Sie ein Merkmal kennen ge-

lernt, das „fließend" variiert. D. h., bei dieser **fluktuierenden Modifikabilität** sind im Prinzip endlos viele Zwischenwerte möglich, wenn man nur fein genug misst. Sie ist eigentlich der Normalfall, für den Sie selbst beliebig viele Beispiele finden können, wenn Sie sich Ihre Umwelt nur aufmerksam ansehen. Spektakulärer ist die Erscheinung der **alternativen Modifikabilität**, bei der ein Merkmal ohne Zwischenstufen umschlägt, wenn die Umwelt den entsprechenden Reiz liefert. Als Beispiele werden oft genannt:

- Die Blütenfarben etlicher Zierpflanzen sind je nach Temperatur mal in der einen, mal in der anderen Farbe ausgeprägt (versuchen Sie eine molekularbiologische Erklärung).
- Von den zwei Hälften einer durchgeschnittenen Löwenzahnpflanze bleibt die eine im Gebirge unter dem Einfluss der intensiven Strahlung niedrig, die andere Hälfte in der Tiefebene wächst großblättrig und langstielig.
- Die weiße Kaninchenrasse „Russe" zeigt an den kühleren Körperextremitäten schwarzes Fell. Schneidet man am Körper einige Haare ab und kühlt diese Stelle bis unter 34°C, wachsen auch dort schwarze Haare.
- Die Kastenbildung sozialer Insekten (Bienen, Ameisen usw.) geht auf unterschiedliche Fütterung der Larven zurück.
- Als **Vernalisation** bezeichnet man den Vorgang, bei dem viele Pflanzen erst auf einen Kältereiz hin von der vegetativen in die generative Phase übergehen. So setzt z. B. unser Wintergetreide[4] trotz gut entwickelter Halme und Blätter im Sommer keine Ähren an, wenn die keimenden Getreidekörner nicht einer niedrigen Temperatur um + 3 °C ausgesetzt waren.

Die Beispiele zeigen, dass die Wirkung der Umwelteinflüsse in vielen Fällen (nicht in allen) nicht rückgängig gemacht werden kann. Ein Lebewesen ist dann lebenslang modifiziert. Gelegentlich werden allerdings Veränderungen hervorgerufen, die zwar über einige Generationen hinweg an die Nachkommen weitergegeben werden, aus unerfindlichen Gründen

[4] Fast alle unsere einheimischen Getreidearten kommen als Winter- oder Sommerform vor. Vom Weizen wird bei uns überwiegend die Winterform angebaut, die bis −22°C frostresistent ist. Er wird im Oktober gesät, keimt und bildet Seitentriebe (Bestockung) während der kalten Periode, daher der Name. Im folgenden Sommer schosst er, d. h., er bildet lange Halme mit Ähren.

aber schließlich wieder verschwinden. Diese **Dauermodifikationen**, die es sowohl im Tier- als auch Pflanzenreich gibt, werden von der mütterlichen Seite ererbt, was auf **Erbmaterial im Cytoplasma** schließen lässt.

3.5 Aufgabenbeispiele

Aufgabe 1

Konstruieren Sie den passenden codogenen Strang der DNA für den Fall der Sichelzellenanämie anhand der auf S. 49 oben stehenden Tabelle.

Aufgabe 2

Welche Untersuchungstechnik eignet sich für die Suche nach Chromosomenverlusten besonders gut?

Aufgabe 3

Bei Zuckerrüben sind seltsamerweise die **triploiden** Exemplare besonders groß und ertragreich. Leider kann man diese Exemplare nicht direkt über Samen vermehren. Warum funktioniert die generative Vermehrung nicht? Mit welchem Trick kann man dann überhaupt durch Kreuzungen Samen der triploiden Sorte erhalten?

Aufgabe 4

Warum sind die Störungen der genetischen Balance durch Trisomien der Heterosomen (Geschlechtschromosomen) vergleichsweise gering?

Aufgabe 5

Suchen Sie eine cytologische Erklärung für die Zunahme der Fehlverteilung von Chromosomen bei der Bildung von Gameten mit zunehmendem Alter der Eltern.

3.6 Lösungsvorschläge

Aufgabe 1

m-RNA : – C – C – U – G – U – G – G – A – G –
DNA: – G – G – A – C – A – C – C – T – C –

Aufgabe 2

Riesenchromosomen aus den Speicheldrüsen von Insekten zeigen solche Defekte schon im Lichtmikroskop, weil ca. 1000 Einzelchromosomen exakt parallel nebeneinander gepackt sind. Außerdem sind die homologen Chromosomen gepaart, sodass man eine Deletion in einem der beiden an den Ausbuchtungen des längeren erkennen kann.

Aufgabe 3

Triploide Zellen können keine Gameten bilden, weil der Ablauf der Meiose gestört ist. Einem Chromosomensatz fehlt der homologe Bindungspartner. Der Samen für triploide Zuckerrüben wird durch Kreuzung einer diploiden mit einer tetraploiden Sorte erzeugt.

Aufgabe 4

Überzählige X-Chromosomen werden nicht transkribiert. Y-Chromosomen besitzen nur wenige Gene.

Aufgabe 5

Beim Menschen befinden sich alle künftigen Eizellen etwa seit der Pubertät in der Prophase der Meiose. Dauert dieser Zustand sehr lange, häufen sich viele irreparable Schäden an, die auf die verschiedensten Ursachen zurückzuführen sind. Teilweise erhöhen diese Schäden die Sterblichkeit der Eizellen bzw. der Zygote, im Falle der kleinen Chromosomen kann es allerdings auch zur Geburt eines behinderten Kindes kommen. Die kritische Altersgrenze für Frauen liegt bei knapp 40 Jahren. Auch beim Mann häufen sich mit zunehmendem Alter die Chromosomenaberrationen.

Warum sind Bakterien und Viren so interessante und aufschlussreiche Untersuchungsobjekte der genetischen Forschung?

Die Genetik hat große Fortschritte gemacht, als vor etwa 30 Jahren die Arbeitsmethoden der Mikrobiologie so weit entwickelt waren, dass Mikroorganismen und Viren für Untersuchungen über Vererbung verwendbar wurden. Das Bakterium **Escherichia coli**, einst nur ein unbeachteter Bewohner unseres Darmtraktes, ist zum besterforschten Objekt der Genetik geworden. Folgende Vorteile machten Mikroorganismen und Viren schnell zu den Standardorganismen der Mikroben- und Molekulargenetiker:

- Sie lassen sich leicht in **sehr großer Zahl** kultivieren. In einem Gramm Backhefe z. B. befinden sich 10 Milliarden Zellen. (Auf der Erde gibt es derzeit rund 6 Milliarden Menschen.) Daraus ergibt sich andererseits der Nachteil, dass die Objekte **sehr klein** und fast unsichtbar sind. Erst mit den fortgeschrittenen mikroskopischen Techniken und der Verfeinerung der biochemischen Analysenmethoden konnte man moderne Genetik betreiben.

- Folglich interessieren bei Mikroben **weniger die äußerlichen** Merkmale. Über eine geeignete Wahl der Nährböden kann man bei ihnen die Leistungen des Stoffwechsels und damit direkt die Enzymausstattung recht leicht testen. Man kann so die Beziehung zwischen einem Enzym und seinem Gen genauer sehen. Außerdem kann man den Einsatz von Substanzen, z. B. Mutagenen, dadurch, dass man sie auf die **einzelnen Zellen** einwirken lässt, genauer und gezielter dosieren.

- Da die Organismen in so großer Zahl auftreten, besteht die Möglichkeit, dass man auch **seltene Ereignisse**, wie z. B. Mutationen, genügend oft findet.

- Die **Generationenfolge** ist sehr viel kürzer als bei allen höheren Lebewesen. E. coli braucht von Teilung zu Teilung etwa 20 Minuten, was auch gegenüber der **Tau-** oder **Essigfliege** (**Drosophila melanogaster**, meist kurz Drosophila genannt) sehr vorteilhaft ist, die als sehr beliebtes Objekt der klassischen Genetik immerhin eine Generationszeit von 2 Wochen erfordert.

- Das Genom ist **klein und übersichtlich** mit zurzeit etwa 700 bekannten Genen bei E. coli. Es gibt zumindest bei den Bakterien nicht die Probleme mit dem Erkennen von rezessiven Allelen, weil die Organismen meist haploid sind (dies gilt auch für viele Pilze).
- Die **Rekombination des Erbgutes** ist ein vergleichsweise seltenes Ereignis, und die molekularen Mechanismen sind viel leichter zu verstehen als bei der Rekombination der chromosomalen Gene. Die Mikroorganismen setzen auf die Überlebensstrategie ihrer enormen Verdoppelungsgeschwindigkeit, wobei ein einheitlicher Klon seine Vermehrungschancen eine gewisse Zeitspanne lang optimal nutzt und bei Verschlechterung der Lebensbedingungen schnell wieder untergeht. Mehrzellige Organismen hingegen legen mehr Wert auf individuelle Flexibilität unter wechselnden Umweltbedingungen. Mit den Viren hat man sozusagen die Erbsubstanz in fast reiner Form entdeckt.
- Die zellulären Lebensvorgänge beruhen bei allen Organismen auf den **gleichen** molekularen und biochemischen Abläufen. Man kann in vielen Fällen die Erkenntnisse der molekularen Genetik auf die verschiedensten systematischen Gruppen übertragen.

4.1 Viren

Viren sind so klein, dass man von ihren kristallähnlichen Strukturen nur elektronenmikroskopische Porträts machen kann. Sie besitzen Eiweißhüllen (Kapside), die aus vielen, aber meist gleichartigen Proteinmolekülen zusammengesetzt sind. Für die Hüllproteine sind bei kleinen Viren nicht mehr als ein oder zwei Gene nötig. Im Inneren befindet sich ein Nucleinsäurefaden als Erbsubstanz. Das bekannte **Tabakmosaikvirus** (meist abgekürzt TMV; verursacht Blattflecken bei Tabakpflanzen) besitzt eine **einsträngige RNA;** die Bakteriophagen der T-Serie haben **doppelsträngige DNA.** Es kommen auch doppelsträngige RNA und einzelsträngige DNA vor. Da die Genome sehr klein sind, kennt man die Gene in vielen Fällen vollständig. Ohne eigenen Stoffwechsel sind sie zu ihrer Vermehrung auf den Replikationsapparat normaler Zellen angewiesen. Viren »leben« also immer als Zellparasiten, die ihre Wirte aus allen Gruppen des Tier- und Pflanzenreiches zum Teil sehr stark schädigen. Die Bezeichnung **Bakteriophage** kommt daher, dass sich in einem geschlosse-

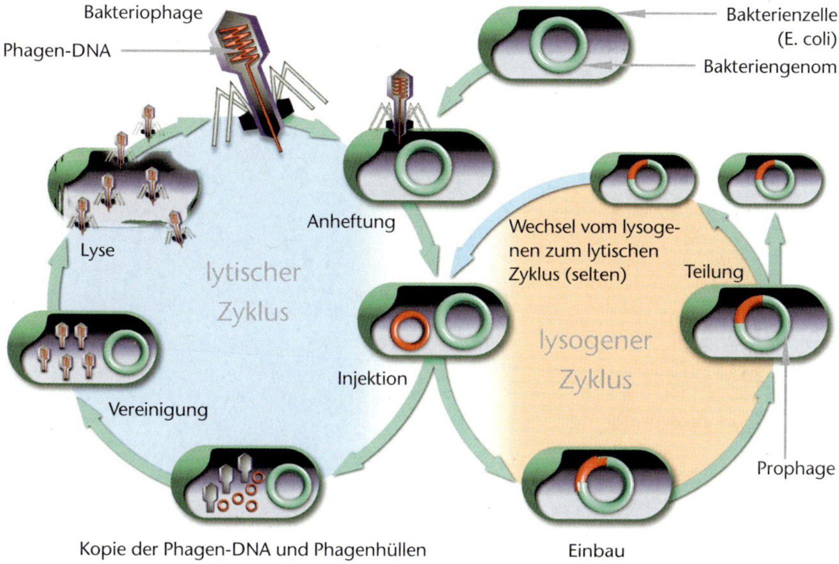

Abbildung 19 (aktualisiert nach E. Günther, 1986)

nen Bakterienrasen an den Stellen mit dem Auge erkennbare Löcher bilden, wo die Kultur mit Viren infiziert wurde.

Die Vermehrung von Viren soll an dem Beispiel eines gut untersuchten **temperenten** Bakteriophagen demonstriert werden. Diese Phagen können wechseln zwischen einem **lytischen Zyklus**, der die befallenen Wirtszellen auszehrt und auflöst, und einem **lysogenen Zustand**, in dem sie selbst in das Genom der Bakterienzelle eingebaut sind und in deren normalem Teilungsrhythmus mitkopiert werden.

Die wichtigsten Stadien der Vermehrungszyklen sind (Abbildung 19):

1. Der Phage heftet sich an die Zellmembran seines Wirtes an und durchlöchert sie an dieser Stelle. Diese **Adsorption** ist nur möglich, wenn in der Wand der Bakterienzelle Rezeptoren vorhanden sind, zu denen einige Bestandteile der Phagenhülle passen müssen. Andere Viren wie z. B. die Erreger der „Grippe“ (Influenza) haben eine besondere Hülle, in die Teile der Zellmembranen eingebaut werden. Entfernt man diese Hülle mit organischen Lösemitteln, verlieren die Viren ihre Infektiosität.

2. Nur die Nucleinsäure wird in die Bakterienzelle **(Injektion)** eingeschleust und bildet dort ein Ringmolekül. Ab hier gibt es zwei alternative Entwicklungswege.
3 a. Im **lytischen** Zyklus wird die Nucleinsäure in hundertfachen Kopien repliziert, und die Proteine für die Hülle werden synthetisiert. Beide Komponenten vereinigen sich selbsttätig zu vollständigen neuen Phagen. Bei diesem **Synthese- und Reifungsprozess** erschöpft sich die Wirtszelle, geht zugrunde und platzt. Die Phagen werden freigesetzt **(Lyse)**.
3 b. Im **lysogenen** Zyklus wird das Phagengenom an einer passenden Stelle in das ringförmige Bakteriengenom eingebaut. Sowohl für die **Integration** als auch später für die Freisetzung der Phagen-DNA aus seiner Bindungsstelle sind Proteinfaktoren nötig, die vom Phagen selbst codiert werden. Der Phage kann aus dem lysogenen Zyklus wieder aussteigen und lytisch werden. Im integrierten Zustand wird das Phagengenom als **Prophage** bezeichnet; es ist möglich, dass die Bakterienzelle diesen Prophagen wieder verliert.

Da Viren nur innerhalb von Wirtszellen aktiv sein können, sind auch ihre genetischen **Rekombinationsvorgänge** auf diese Phasen beschränkt.

Beobachtung:
Man kann bei einigen Phagen, die E. coli befallen, nach dem Erscheinungsbild ihrer Lyselöcher (Plaques) im Bakterienrasen unterschiedliche, genetisch fixierte Stämme erkennen.
A. D. Hershey und seine Arbeitsgruppe konnten 1949 nachweisen, dass diese Viren bei **zwei-** und **mehrfaktoriellen Kreuzungen** ihr Erbgut rekombinieren. Sie mischten dazu Bakterienkulturen mit Phagenmengen, die ausreichten, jede Zelle garantiert mit allen Phagenmutanten zu infizieren. Bei der Auswertung der Testkulturen fand man in selteneren Fällen Plaques, die gleichzeitig beide Merkmale zeigten. Die Viren müssen also die Informationen für die Lochform in doppelter Ausführung besitzen. Diese **partiellen Heterozygoten** tragen unterschiedliche „Allele" in jeder Hälfte oder an verschiedenen Stellen ihrer doppelsträngigen DNA. Der Faktorenaustausch muss während der Replikation der Nucleinsäuren stattfinden.
Die letzte Beobachtung deutet schon darauf hin, dass der Vermehrungsprozess der Phagen-DNA vom Replikationssystem der Bakterienzelle offensichtlich nicht mit letzter Genauigkeit durchgeführt wird. Phagen kön-

nen bei ihrer Vermehrung auch einen Teil des Genoms des **befallenen Bakteriums** an ihre eigene DNA anhängen und in ihr Kapsid mit einpacken. Auf diese Weise kann ein Bakterium ab und zu einen Nutzen von der Infektion erlangen. Im Labor von J. Lederberg konnte gezeigt werden, dass Mangelmutanten von Salmonella typhi murium (Mäusetyphus) die fehlenden Informationen durch Infektionen mit Phagen erhalten können, die vorher auf dem Wildstamm von Salmonella typhi murium vermehrt wurden. Die Übertragung von bakteriellen Genen unter Mitwirkung der Phagen nennt man **Transduktion.** Man kann leicht einsehen, dass temperente Phagen Gene mitnehmen, die in der Nähe ihres Einbauortes liegen. Aber auch virulente Phagen sind zur Transduktion fähig, sie verbinden sich zufällig mit irgendwelchen Abschnitten des Bakteriengenoms.

Im Schulunterricht werden im Zusammenhang mit der **Aids-Erkrankung** die HI-Viren (Human-Immunschwäche-Viren) behandelt. Es handelt sich um Vertreter der **RNA-Viren**, die als Erbsubstanz eine einsträngige RNA besitzen. Sie müssen ein eigenes Replikations-Enzym bei der Infektion mitbringen, das zuerst die genetische Information von der RNA in die DNA umschreibt. Die Wirtszellen besitzen zwar auch Polymerasen, aber keine, die RNA als Vorlage für die Synthese von Virusteilchen ablesen können. Das entsprechende Enzym nennt man **reverse Transkriptase** (Revertase). Es hat große Bedeutung für gentechnische Verfahren erlangt. Die Viren selbst nennt man **Retroviren**, weil ihr erster Syntheseschritt quasi rückwärts (retro-) läuft (RNA ⇒ DNA statt DNA ⇒ RNA). Da ihre Vermehrung sich in einigen Punkten vom Phagenzyklus unterscheidet, soll sie am Beispiel des HIV kurz beschrieben werden:

Adsorption: Das Virus heftet sich an Rezeptoren der Zellmembran. HIV bevorzugt die CD4-Moleküle der T-Lymphocyten, die Helferfunktionen im Immunsystem haben.

Injektion: Die Hülle des Virus verschmilzt mit der Zellmembran, der Inhalt der Viruskapsel wird in das Zellinnere eingeschleust.

Replikation und Integration: Die mitgebrachte reverse Transkriptase synthetisiert an dem RNA-Einzelstrang eine DNA, die zum Doppelstrang vervollständigt wird. Dieser wird mithilfe eines importierten Transportenzyms (Integrase) in den Zellkern gebracht und in die DNA eines Chromosoms eingebaut. Gegen die Transkriptase gibt es inzwischen Hemmstoffe, die zur Behandlung von Aids zugelassen sind.

Synthese und Reifung: Mithilfe der zellulären Transkriptase werden Vi-

ren-RNA und dann Viren-Proteine hergestellt. Die Proteine müssen allerdings noch durch spezielle Enzyme (Protease) zurechtgeschnitten werden. Die Aktivität dieser Proteasen lässt sich durch bereits zugelassene Medikamente hemmen.
Freisetzung: RNA und Proteine werden in neue Viruspartikel verpackt, die an der Zelloberfläche ausknospen und anschließend weitere Zellen infizieren. V. a. in aktivierten T-Lymphocyten sind es so viele, dass die Zellen dabei zugrunde gehen.
In der Gruppe der Retroviren finden wir auch etliche Krebs erzeugende Viren **(onkogene Viren).** Onkoviren besitzen nur wenige Gene, die allerdings von sog. LTR-Regionen flankiert werden. Long Terminal Repeats bestehen aus mehrfachen Wiederholungen derselben Basenfolgen. Mit deren Hilfe baut sich die synthetisierte Viren-DNA in passende Abschnitte innerhalb eines Wirtschromosoms ein. Sie verhalten sich also ähnlich wie lysogene Phagen. Leider haben die LTRs gleichzeitig auch starke Promotorfunktionen, sodass auch benachbarte Chromosomenregionen stark exprimiert werden. Liegt dort das Gen für einen zellulären Wachstumsfaktor, wird die befallene Zelle umgewandelt in eine Tumorzelle, die sich rasch und unkontrolliert vermehrt.

4.2 Rekombination bei Bakterien

1. Die **Transduktion** wurde schon im Zusammenhang mit Viren behandelt.

2. **Transformation**
Die klassischen Transformationsexperimente mit Erregern der Lungenentzündung bei Mäusen (Streptococcus pneumoniae) wurden von O. T. Avery und Mitarbeitern durchgeführt, um nachzuweisen, dass tatsächlich die DNA als Erbsubstanz anzusehen ist. Sie arbeiteten mit zwei Stämmen, die anhand ihres makroskopischen Aussehens auf Nährböden zu unterscheiden waren. Ein Stamm (smooth) ruft die Krankheit hervor, der andere (rough) war nicht pathogen, weil nämlich das Gen für ein Kapselpolysaccharid defekt ist, das sonst vor dem Immunsystem des Wirtes schützen würde. Mischten sie aber die harmlosen Bakterien mit hochreiner DNA, die aus dem Smooth-Stamm gewonnen worden war, erkrankten die Mäuse nach der Infektion mit diesen Bakterien dennoch. Die Umwandlung des harmlosen Bakterienstammes in die pathogene Form wurde dauerhaft an die folgenden Generationen vererbt.

Bei der Transformation von Bakterien isoliert man aus einer **Spenderzelle** die DNA und überträgt sie als mehr oder weniger große Stücke auf eine **Empfängerzelle.** Die Übertragung läuft offensichtlich bei grampositiven Bakterienzellen auch unter natürlichen Bedingungen ab, wenn die Zellwand der Empfängerzelle **kompetent** (empfangsbereit) ist. Dies hängt offensichtlich von mehreren Faktoren wie Wachstumsphase, Größe der DNA-Stücke und auch von genetisch kontrollierten Faktoren ab. Ist keine natürliche Aufnahmebereitschaft vorhanden, kann man unter Laborbedingungen solche Bakterien künstlich kompetent machen, indem man sie z. B. mit einem Zusatz von Calciumchlorid im Nährmedium kultiviert oder die Zellwand entfernt. In der Regel werden aber auch dann weniger als 1 % der Empfängerzellen transformiert, weil Bakterien eingedrungene Fremd-DNA üblicherweise z. B. mithilfe von sog. Restriktionsenzymen verdauen.

Bei der folgenden Replikationsrunde werden entweder beide DNA-Stränge wie üblich als Vorlage benutzt und es entsteht bei weiterer Vermehrung eine Mischkultur aus beiden Zelltypen (Abb. 20). Oder die Heteroduplex haben so unterschiedliche Basensequenzen, dass wegen der fehlerhaften Paarungen zwischen den beiden Strängen der Fehler erkannt und in einer Hälfte repariert wird (sog. Mismatching).

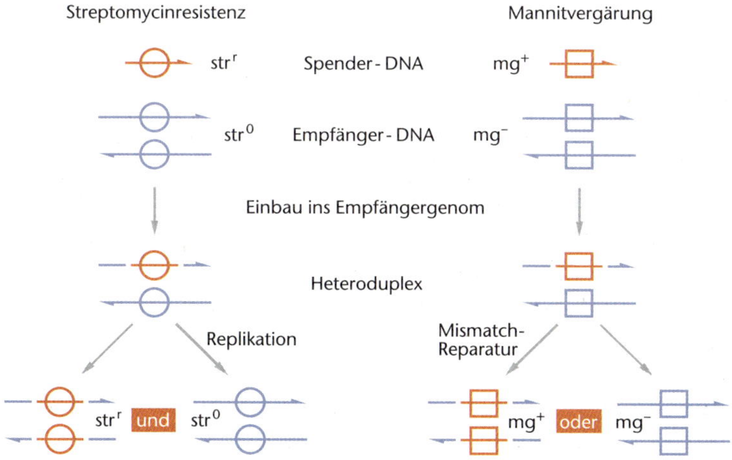

Abbildung 20: Schema der Transformationen; str^r = Streptomycinresistenz; str^0 = nicht resistent; mg^+ = Vergärung; mg^- = keine Vergärung (verändert nach E. Günther, 1986)

Die gezielte Transformation ist heute ein Standardverfahren der Gentechnik. Inzwischen ist es auch gelungen, E. coli mit Genen aus der Hefe zu transformieren und diese Gene sogar exprimieren zu lassen. Das gewünschte Genprodukt kann von den Bakterien also hergestellt werden, obwohl sich die Mechanismen der Genregulation zwischen Pro- und Eukaryoten doch erheblich unterscheiden.

3. **Konjugation**

Bei der Konjugation wird ebenfalls genetisches Material von einer Bakterienzelle auf eine andere übertragen. Im Gegensatz zur Transformation und zur Transduktion ist aber ein **Zellkontakt** über eine Proteinbrücke aus mehreren Peptiden nötig. Diese Brücke **(Sexualpilus)** wird von einem Plasmid codiert, das Gene für die gesamte Durchführung der Konjugation trägt (F-Faktor). Nur Zellen vom F^+-Typ sind konjugierend. Die Grundzüge der Konjugation können aus der Abbildung 21 abgeleitet werden.

Hinweise zu a:

- Der Zellkontakt wird von der F^+-Zelle aus über den Pilus eingeleitet. Nur weniger als 1% der F^+-Zellen bilden Pili.
- Das Plasmid wird während des Transfers repliziert, sodass am Ende beide Zellen F^+ sind.
- Beim Transfer können auch andere Plasmide oder sonstige fremde DNA-Stücke, die selbst keine Pili bilden, in die Empfängerzelle eingeschleust werden. Dazu wird die Fremd-DNA an das F-Plasmid angehängt.
- Die Konjugation ist sogar zwischen verschiedenen Bakterienarten möglich, d.h., die Resistenzfaktoren können auf diesem Weg von tierpathogenen Bakterienstämmen auf humanpathogene übertragen werden!

Hinweise zu b:

- Durch Integration des F-Plasmids in das Kernäquivalent wird die Konjugationshäufigkeit gesteigert. Es entstehen **Hfr-Stämme** (high frequency of recombination).
- Beim Transfer nimmt das F-Plasmid den normalen DNA-Faden des Kernäquivalents mit. Man kann das übertragene Stück kurz halten, indem man die Zellsuspension kräftig rührt. Da der Transport gerichtet abläuft, kann man durch Abstufung der Unterbrechungszeit das Genom von Bakterien kartieren.

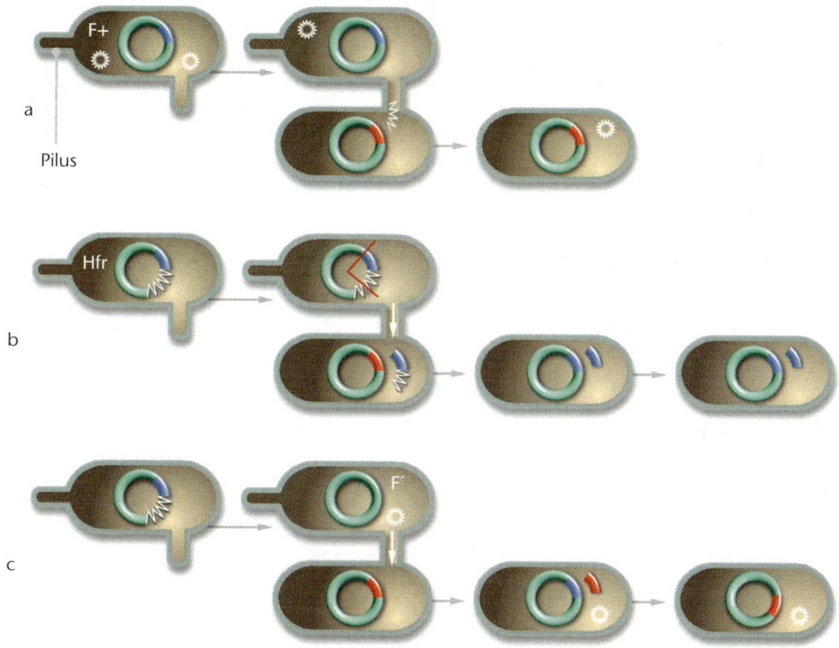

Abbildung 21: a = Übertragung des F-Faktors; b = Übertragung des F-Faktors mit einem Abschnitt Genom; c = Sexduktion (verändert nach G. Czihak u. a., 1976)

- Meist verlieren die Zellen bei dieser Art der Konjugation ihren funktionsfähigen F-Faktor.

Hinweise zu c:

- Wird der recht labile Einbau des F-Plasmids wieder rückgängig gemacht, kann es geschehen, dass jetzt in dem ringförmigen Plasmid Gene aus dem großen Kernäquivalent enthalten sind. In diesem Zustand wird es als **Prime-Plasmid** bezeichnet und mit F' gekennzeichnet.
- Falls Konjugation stattfindet, wird das F'-Plasmid gemeinsam mit den integrierten Genen auf die Empfängerzelle übertragen.
- Da beide Zellen am Ende den F-Faktor besitzen, nennt man den Vorgang **Sexduktion.**

Episom ist eine besondere Bezeichnung für ein Plasmid, das wie der F-Faktor in das Genom ein- und ausgebaut wird.

4.3 Aufgabenbeispiele

Aufgabe 1

Mit welcher Methode kann man nachweisen, dass tatsächlich nur die Nucleinsäuren von Viren in die Bakterien eingeschleust werden und die Proteinhüllen außen an den Bakterienzellen sitzen bleiben?

Aufgabe 2

Warum spricht der Kurvenverlauf in Abbildung 22 dafür, dass eine Komponente in der Zellmembran der Empfängerzelle aktiv an der Transformation beteiligt sein muss?

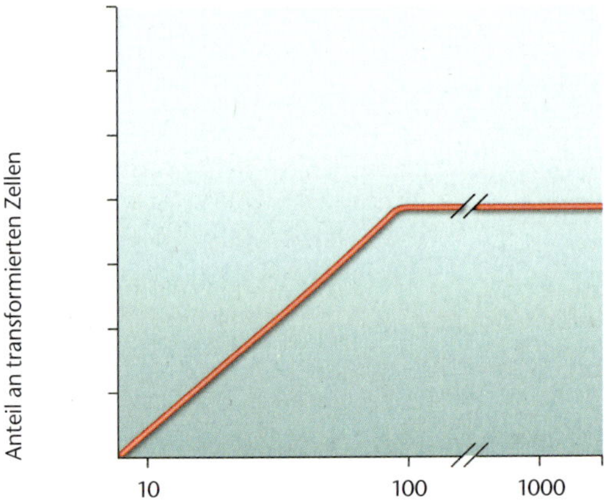

Abbildung 22 (verändert nach E. Günther, 1986)

Aufgabe 3

Die parasexuellen Vorgänge bei Prokaryonten ähneln sich alle. Stellen Sie sich in einer Kurzfassung die Definitionen und besonders die Unterschiede zwischen Transformation, Konjugation und Transduktion zusammen.

Aufgabe 4

Wir haben gesehen, dass die Durchmischung der Erbinformationen ein allgemein verbreiteter Vorgang ist. Vergleichen Sie mit kurzen Stichworten die Rekombinationsvorgänge bei Eu- und Prokaryoten.

4.4 Lösungsvorschläge

Aufgabe 1

Bei dieser Aufgabe sollen Sie ein klassisches Experiment nacherfinden. A. D. Hershey und M. Chase stellten markierte Phagen her, indem sie sie auf Bakterien vermehrten, deren Nährmedium mit einem radioaktiven Isotop des Phosphors versetzt war. Phosphor wird überwiegend in die Nucleinsäuren eingebaut. Infiziert man jetzt neue, unmarkierte Bakterien mit diesen Phagen, ist die Radioaktivität innerhalb der Zellen zu finden, weil die Nucleinsäure injiziert wird. Markiert man auf analoge Weise die Proteinhülle der Phagen mit ^{35}S an der Aminosäure Cystein, wird die Markierung nach der Infektion nur außerhalb der Bakterienwand nachgewiesen.

Aufgabe 2

Das Plateau der Kurve zeigt an, dass ab einer bestimmten zugegebenen Menge keine DNA mehr in die Zellen eindringen kann. Am leichtesten ist das mit einer **begrenzten Zahl** an speziellen Rezeptoren zu erklären. Wäre die Aufnahmefähigkeit durch chemisch-physikalische Faktoren eingeschränkt, würde sich die Kurve langsamer abflachen, bis sich ein Gleichgewicht zwischen Ein- und Austritt eingestellt hat. Die Aufnahmekapazität wäre insgesamt höher und man könnte evtl. eine Abhängigkeit von der Größe der DNA-Stücke feststellen.

Aufgabe 3

Transformation ist die Übertragung von isolierten DNA-Stücken. **Transduktion** ist die Übertragung von Bakteriengenen mithilfe von Phagen. Bei der **Konjugation** wird über einen Pilus ein Zellkontakt zwischen Bakterien hergestellt. Während der **Konjugation** werden Plasmide und manchmal bakterielle Gene von Zelle zu Zelle übertragen.

Aufgabe 4

Eukaryoten: Vereinigung zweier haploider Kerne in der Zygote; während der

Meiose gibt es zwischen homologen Chromosomen Stückaustausch, und die Chromatiden werden nach dem Zufall auf die 4 neuen Kerne verteilt. Die Rekombination ist obligatorisch bei der sexuellen Vermehrung eingeplant.
Prokaryoten: Rekombinationsprozesse finden von Zeit zu Zeit statt; durch die hohe Zahl und die enorme Vermehrungsrate der einzelligen Lebewesen ist eine Anpassung an wechselnde Umweltbedingungen möglich. Die parasexuellen Vorgänge bei Prokaryoten sind Transformation, Transduktion und Konjugation.

Kapitel 5

Nach welchen Regeln wird das Erbgut neu gemischt?

Grundsätzlich sieht man heute zwei Wege, auf denen das Erbgut neu gemischt wird: Das Charakteristikum der einen Art von Rekombination ist die Verschmelzung der Kerne von männlichen und weiblichen (oder +- und –-)Gameten. Bei diploiden Eukaryonten ist diese Rekombination in Verbindung mit der **sexuellen Fortpflanzung** vorherrschend. Vorkenntnisse über Chromosomen und Genaktivierung sind für das Verständnis des folgenden Textes sehr hilfreich.

Schon die beiden Entdecker (E. Strasburger und O. Bütschli) der Kernteilung sahen, dass während einer Befruchtung Zellkerne der männlichen und weiblichen Keimzellen miteinander verschmelzen. Sofort tauchte zwangsläufig die Frage auf, wie ihr DNA-Gehalt wieder auf die normale Menge verringert wird. Ohne Reduzierung würde er ja im Laufe der Generationen allmählich ins Unermessliche steigen. Die Bildung der Geschlechtszellen muss also bei allen Eukaryoten, die sich sexuell fortpflanzen, eine **Reduktionsteilung** beinhalten. Sie wird heute als **Meiose** bezeichnet.

Während Mitosen in allen Geweben von Pflanzen und Tieren mehr oder weniger häufig zu finden sind, ist die Meiose ein ausgesprochen seltenes Ereignis, das nur im spezialisierten Keimgewebe vorkommt.
Mitose und Meiose ähneln sich sehr stark. Daher wollen wir hier vor allem die Unterschiede besonders hervorheben, soweit sie für das Verständnis der folgenden sog. klassischen Genetik wichtig sind. Zu Beginn ist der DNA-Gehalt pro Zellkern bei beiden gleich, nämlich 4n. Nach der Mitose erhalten wir zwei Tochterzellen mit 2n, am Ende der Meiose sind vier Zellen mit jeweils 1n vorhanden. Von diesen 4 Zellen wird manchmal nur eine zur reifen Eizelle, so auch beim Menschen (Abb. 23).

Die Meiose ist in zwei Abschnitte zu gliedern. In der Meiose I werden die homologen Chromosomen getrennt, anschließend nach einer nur kurzen Pause ohne DNA-Synthese werden in der Meiose II die Chromatiden getrennt. Damit wäre bereits ein wichtiges Ziel erreicht, nämlich die Reduktion der Chromosomenzahl.
Eine ganz wichtige Eigenart der Meiose ist aber noch die sehr ausgedehnte Prophase I. Die DNA-Fäden in den Chromosomen werden in die-

5 Nach welchen Regeln wird das Erbgut neu gemischt?

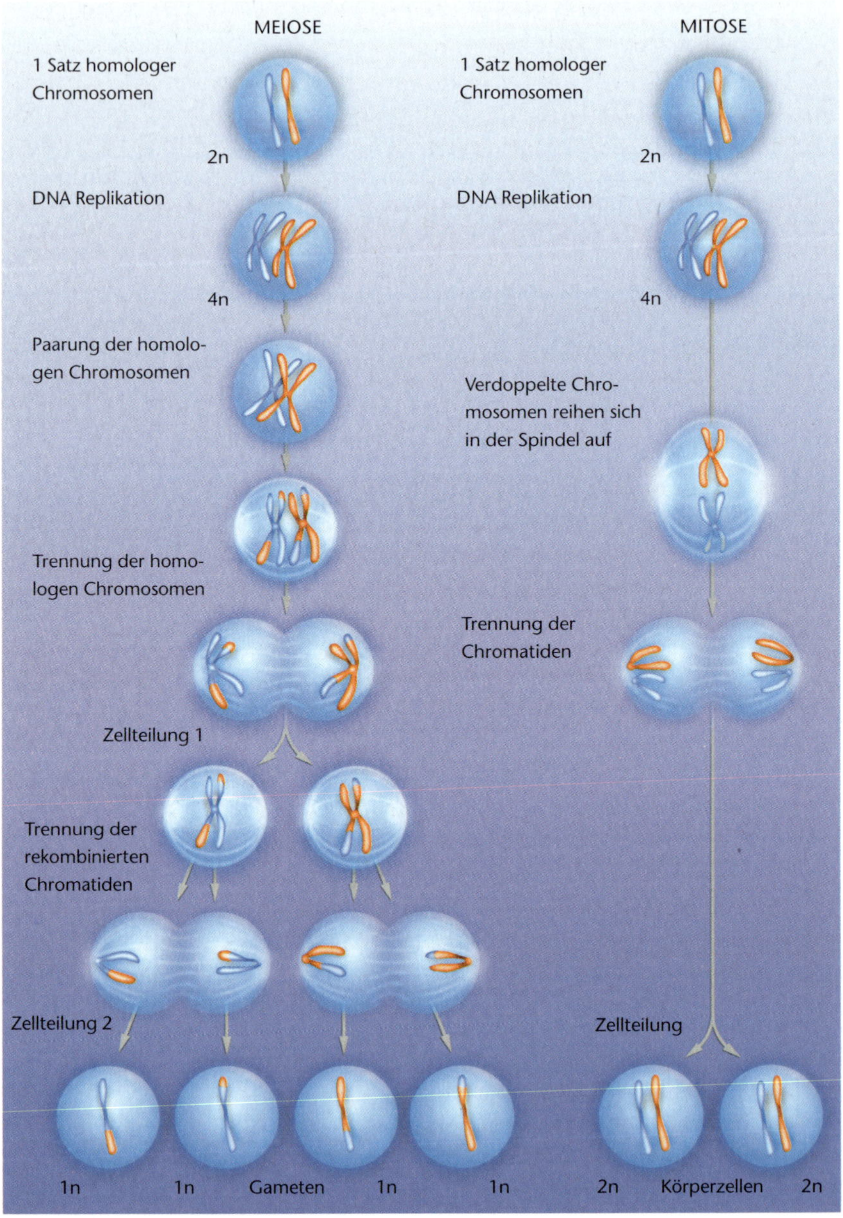

Abbildung 23: Meiose und Mitose

ser langen Zeit auf vielerlei Weise umgeordnet. Wichtig ist ein deutlich sichtbarer, enger Kontakt (Synapsis) zwischen den 4 Chromatiden („Tetraden“) während dieser Phase. Offensichtlich findet an mehreren Stellen ein Stückaustausch zwischen den Chromatiden homologer Chromosomen statt.

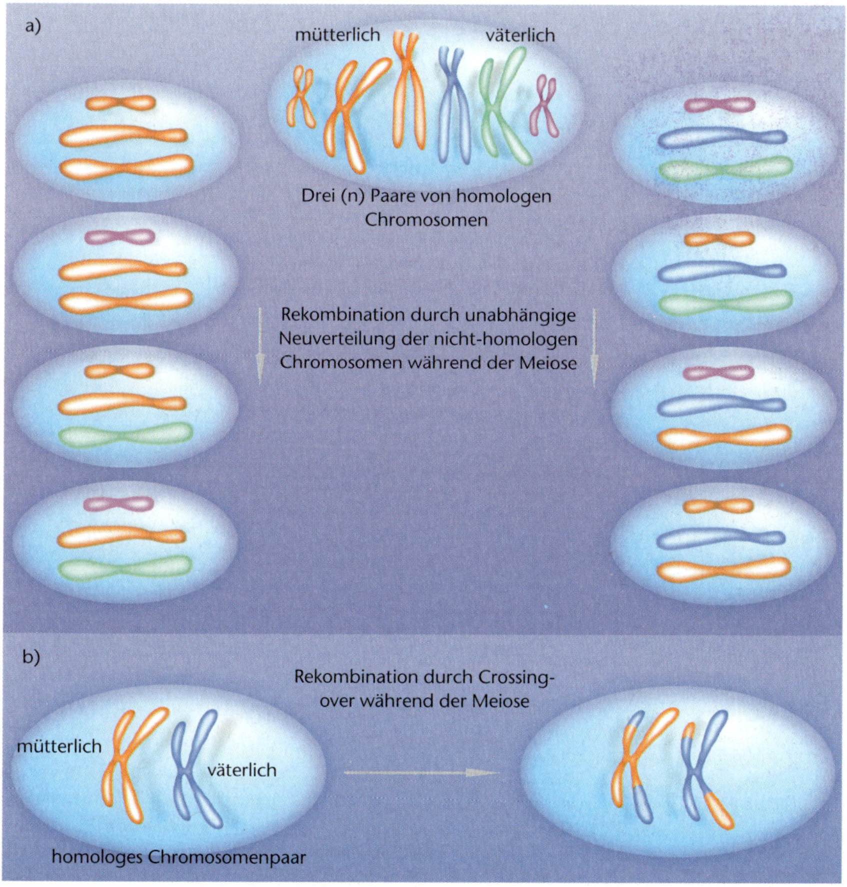

Abbildung 24: Neuverteilung der Chromosomen

Da selbst mithilfe des Elektronenmikroskopes außer einigen Quer- und Längsverbindungen genaueres nicht zu sehen ist, kennen wir nur die Folgen, die sich in Abweichungen vom erwarteten Erbgang für ein bestimmtes Merkmal zeigen (Chiasma, Plural: Chiasmata oder Crossing over). Bei der Bildung der Keimzellen ist von der Natur im Ablauf der Meiose ein Mechanismus fest eingeplant und wird vom Stoffwechsel im Zellkern gesteuert, der für die intrachromosomale Rekombination des Erbgutes sorgt. Auf die Prophase I folgt die Metaphase I mit der Anordnung der Chromosomen in der Äquatorialebene, in der Anaphase I werden die Chromatiden getrennt, die Telophase I ist nur kurz. Manchmal folgt eine kurze Zwischenphase (Interkinese) ohne DNA-Replikation, sonst folgt sofort die Meiose II. Jetzt werden die verbliebenen Chromatidenpaare getrennt, also von 2n nach 1n. Früher wurde darüber diskutiert, in welchem Abschnitt der Meiose die identischen Chromatiden oder in welchem die homologen Chromosomen getrennt wurden. Diese Diskussion ist jedoch wegen des weitgehenden Stückaustausches beim Crossing-over überflüssig. Wir finden zum Abschluß 4 haploide Zellen, die genetisch vollkommen unterschiedlich ausgestattet sind. Bei Säugetieren entwickeln sich aus allen vier Zellen entweder Spermien (Spermiogenese) oder aus nur einer von ihnen die Eizelle (Oogenese), die auf Kosten der übrigen drei Zellen mit Vorräten für die Keimesentwicklung nach der Befruchtung versorgt wird. Nur die zufällig ausgewählte Eizelle kommt genetisch zum Zuge, die anderen werden zum Polkörperchen reduziert, und ihre Erbinformation geht verloren.

Die zweite Art der Rekombination basiert auf **parasexuellen Vorgängen.** Hierbei werden nur Teile der Genome untereinander gemischt und unkoordiniert auf die Nachkommen verteilt. Solche parasexuellen Prozesse gibt es auch bei Eukaryonten, v. a. bei Pilzen. Sie gewinnen sogar zunehmend an Interesse, weil sie bei der gentechnischen Verschmelzung von Körperzellen beachtet werden müssen. Im Schulunterricht beschäftigt man sich üblicherweise hierbei jedoch nur mit der Rekombination des genetischen Materials von Bakterien und Viren (vgl. Kapitel 4).

5.1 Begriffe

Gen: Erbfaktor, Merkmalsanlage, Information für ein Merkmal oder ein Enzym, DNA-Abschnitt.
Allel: unterschiedliche Zustandsformen eines Gens; in homologen Chromosomen liegen sie an gleichen Loci.
Locus: Genlocus, Lage des Gens im Chromosom (Plural: Loci).
Wildtypallel: normales, in einer natürlichen Population häufigstes Allel.
Mutante: Träger eines mutierten Gens.

Genotyp: Erbtyp, Gesamtheit der Erbanlagen.
Phänotyp: Erscheinungsbild.
reine Linie: Gruppe von Organismen, die in allen (wichtigen) Genen dasselbe Allel tragen.
Hybrid/Bastard: Nachkomme von Eltern, die sich in einem oder mehreren Allelen unterschieden.
mono, di-, trihybrider Erbgang: Erbgänge, die 1, 2, 3 Merkmale gleichzeitig berücksichtigen.
Parentalgeneration (P): Elterngeneration.
Filialgeneration: Tochtergeneration, in chronologischer Folge abgekürzt als F_1, F_2 usw.
homozygot: reinerbig, meist nur bezogen auf die Allele eines oder weniger Gene.
heterozygot: mischerbig, mit zwei verschiedenen Allelen der fraglichen Gene.
dominant: ist ein Allel, das die Wirkung des anderen im Phänotyp überdeckt.
rezessiv: überdecktes Allel.
Kreuzung: Verpaarung von männlichen und weiblichen Angehörigen einer Art.
Zygote: befruchtete Eizelle
Nomenklatur der Allele: Die Gene werden meist nach dem Phänotyp der zuerst entdeckten Mutanten mit einer Abkürzung aus drei Buchstaben benannt. Der Wildtyp wird durch ein + gekennzeichnet, das mutierte Allel mit – oder einem anderen Index, wenn es mehrere gibt (siehe das 1. Beispiel unten). In der molekularen Genetik werden die Abkürzungen für den Genotyp meist kleingeschrieben, es gibt aber auch andere Angaben. Weit verbreitet ist die Verwendung von nur einem Anfangsbuchstaben. Das dominante Allel wird mit einem Großbuchstaben gekennzeichnet, das rezessive mit dem gleichen kleinen Buchstaben. Sie sollten für die Allele eines Gens nie verschiedene Buchstaben einsetzen, wie es noch in manchen Büchern zu sehen ist!

5.2 Mendel-Regeln

Die Analyse von Kreuzungsversuchen wurde besonders durch die bahnbrechende Arbeit von G. Mendel (1865) und die unabhängigen Bestätigungen (1900) durch K. E. Correns, E. von Tschermak und H. M. de Vries vorangetrieben. Im Schulunterricht legt man besonderen Wert auf den Gesichtspunkt, dass G. Mendel bewusst und mit erklärter Absicht einige neue Arbeitsweisen bei solchen Versuchen einsetzte:

1. Er kreuzte nur Angehörige einer Art untereinander, die sich durch wenige Merkmale voneinander unterschieden (Sorten).
2. Er benutzte Elternpflanzen, die durch langjährige Vorversuche reinerbig geworden waren. Seine Erbsen bestäuben sich unter natürlichen Bedingungen selbst, weil die Blüten geschlossen bleiben.
3. Er brachte die Auszählungen seiner Versuche in mathematische Formeln, die exakte Vorhersagen für folgende Kreuzungen und ihre experimentelle Überprüfung erlaubten (G. Mendel war Pater und gelernter Physiker!).
4. Er setzte die Idee durch, dass äußerlich sichtbare Merkmale durch innere Faktoren bestimmt werden, die über Generationen hinweg unverändert bleiben.

1. Beispiel:
Gekreuzt werden Löwenmäulchen (Antirrhinum majus), die sich in einem Merkmal unterscheiden **(monohybrider Erbgang).** Die Mutante zeigt radiärsymmetrische Blüten, das Allel heißt cyc^{rad} (das Gen „cycloidea" kommt in mehreren verschiedenen Allelen vor, u. a. cyc^{rad}). Der Wildtyp hat die bekannten zweilippigen Blüten, die auf das Allel cyc^{+} zurückzuführen sind. Beide Eltern sind homozygot für dieses Merkmal. Die Blüten werden von Hand bestäubt, indem man mit einem Pinselchen Pollen von Vaterpflanzen auf die Narben der Mutterpflanzen überträgt. Zur Verhinderung von Selbstbestäubung (allgemein: **Selbstung**) werden die Antheren (Staubbeutel) frühzeitig entfernt. Zum Schutz vor unerwünschter Fremdbestäubung werden die Blüten bis zur Reife in Papierbeutel eingeschlossen. Die entstehenden Samen werden **alle** gesammelt und ausgesät. Die Tochtergenerationen werden bis zur Blüte herangezogen. Die Nachkommen werden nach der Blütenform sortiert und ausgezählt. In der Abbildung 25 ist das Ergebnis schematisch dargestellt. Sie sollten bei derartigen Darstellungen immer daran denken, dass hier nicht nur zwei Pflanzen miteinander gekreuzt werden, sondern sehr viele, die allerdings nur zwei verschiedene Genotypen hatten. Bei der Auswertung wurden dann dementsprechend Hunderte von Pflanzen ausgewertet, nicht nur 4, wie man vielleicht vermuten könnte.

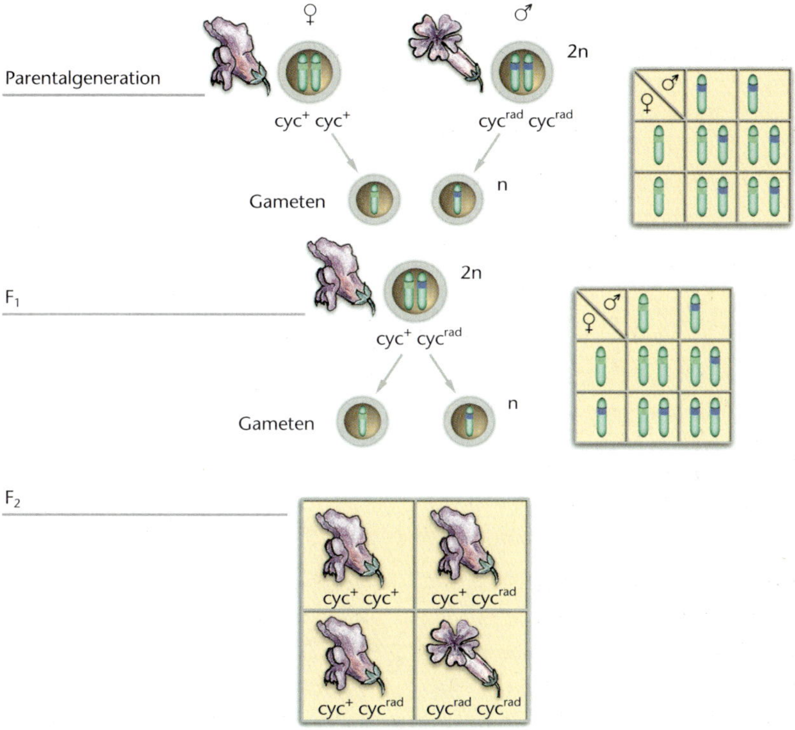

Abbildung 25 (verändert nach E. Günther, 1986)

Sie sollten sich anhand der Abbildung folgende Punkte klarmachen:

1. Die Balken mit den Markierungen stellen die Chromosomen mit dem Genlocus »Blütenform« dar.
2. Bei der Bildung der Gameten (Pollen und Eizellen) wird der diploide Chromosomensatz (2n) der Eltern durch Meiosen auf den haploiden Satz (n) reduziert.
3. Jeder der beiden Eltern kann nur ein Allel liefern (bezüglich des Merkmals Blütenform).
4. Bei der Befruchtung verschmelzen die Kerne der haploiden Gameten zur diploiden Zygote der 1. Filialgeneration. Die herangewachsenen Pflanzen sehen alle einheitlich aus, weil nur ein Genotyp vorliegt.
5. Diese F_1-Generation liefert jetzt Gameten mit alternativ zwei Allelen.

6. Üblicherweise schreibt man die Gameten väterlicherseits in die waagerechte und die mütterlicherseits in die senkrechte Randleiste eines **Kreuzungsquadrates.** Beachten Sie, dass in der F_1 nicht mehr ausdrücklich die Phänotypen der **beiden** Eltern eingetragen sind! Es handelt sich hier um den typischen Fall einer Geschwisterpaarung, auch wenn sich wahrscheinlich nicht echte Geschwister gegenseitig befruchten, weil in der Regel mit Hunderten von Pflanzen gearbeitet wird. Die Kreuzung zwischen so engen Verwandten nennt man **Inzucht.**
7. Im Kreuzungsquadrat kombiniert man die genetische Ausstattung der Gameten zu diploiden Zellen. Die Auszählung ergibt das **Zahlenverhältnis** der Genotypen. Die Kreuzungsquadrate haben gegenüber allen anderen Verfahren mit Pfeilen u. Ä. den Vorteil, dass man die Ergebnisse der Erbgänge in sehr übersichtlicher Form und fast automatisch erhält. Voraussetzung ist nur, dass man sich die Bildung der Gameten sorgfältig überlegt hat.
8. Da es sich um einen Erbgang handelt, wo der Wildtyp wie gewöhnlich dominant ist, gibt es weniger verschieden aussehende Phänotypen als Genotypen.

!

Erste Mendel-Regel = **Uniformitätsregel:**
Kreuzt man zwei reine Linien miteinander, die sich in einem oder mehreren Allelpaaren unterscheiden, so weisen die F_1-Hybriden einen einheitlichen Phänotyp auf.

!

Zweite Mendel-Regel = **Spaltungsregel:**
Kreuzt man die Angehörigen der F_1-Generation miteinander, so treten in der F_2-Generation wieder verschiedene Geno- und Phänotypen auf.
Bei einer monohybriden Kreuzung spalten sich die Genotypen im Verhältnis 1 : 2 : 1 auf. Die Phänotypen zeigen das Verhältnis 3 : 1, wenn ein Allel dominant ist.
Vertauscht man bei diesem Erbgang Vater und Mutter, erhält man dieselbe Aufspaltung. Die Kreuzung kann reziprok mit gleichem Ergebnis durchgeführt werden.

Die Spaltungsregel ist gültig, falls folgende Voraussetzungen erfüllt sind:
1. Alle Zygoten der F_2 müssen sich entwickeln und wachsen können. Nicht selten führen jedoch die rezessiven Allele im homozygoten Zustand zum **Absterben** der Keime in den allerersten Teilungsstadien.

Diese „Letalfaktoren“ verfälschen durch den vollständigen Wegfall eines Teils der Zygoten die beobachtbaren Zahlenverhältnisse der Phänotypen in F_2 natürlich weitgehend. Rezessive Letalfaktoren sind gut bekannt aus der Genetik von Drosophila und von Nutztieren, wo der Grad der Inzucht häufig sehr hoch ist und daher die Wahrscheinlichkeit für das Zusammentreffen solcher Faktoren zunimmt. **(Ihre Vermutung bei unüblichen Zahlenverhältnissen in Prüfungsaufgaben!)**

2. Alle Gameten müssen mit gleicher Wahrscheinlichkeit zur Befruchtung kommen. Auch diese Voraussetzung ist in vielen Fällen nicht erfüllt, weil vor allem die Beweglichkeit und die Aktivität der Spermien stark von den enthaltenen Chromosomen abhängen (Beim Menschen mehr Knaben- als Mädchengeburten).
3. Außerdem darf es während der Meiose nicht zur Unterdrückung des einen oder anderen Genotyps kommen (selten).

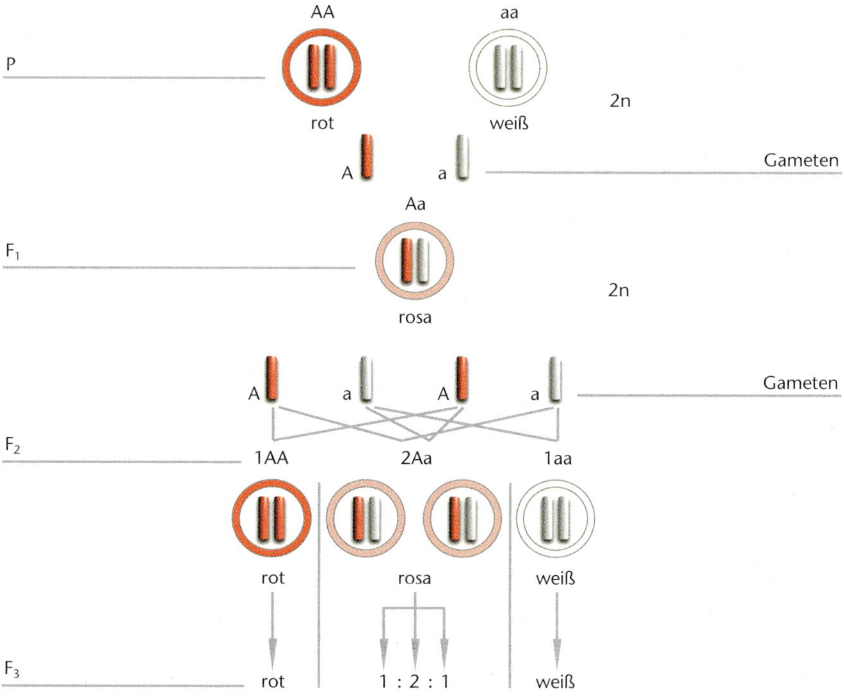

Abbildung 26 (verändert nach E. Günther, 1986)

5 Nach welchen Regeln wird das Erbgut neu gemischt?

Intermediärer Erbgang:
Er stellt einen Sonderfall dar, der eigentlich nur im Schulunterricht eine größere Rolle spielt. Die weitaus meisten Erbgänge tendieren zum dominant-rezessiven Verhältnis der Allele, auch wenn die Ausprägung des dominanten Allels in den wenigsten Fällen so schulmäßig hundertprozentig zu erkennen ist. In der Abbildung 26 ist der Erbgang der Echten Wunderblume (Mirabilis jalapa) dargestellt. Die Schreibweise der Allele und der Zygotenbildung in der F_2 wurde nur zur Übung gegenüber dem ersten Beispiel geändert. Die Kreuzung geht von reinerbigen rot bzw. weiß blühenden Elternpflanzen aus und ausnahmsweise bis zur F_3.
Beachten Sie in der Abbildung Folgendes:

1. In der F_1 zeigen alle Pflanzen die Blütenfarbe Rosa. Die Bezeichnung »intermediär« bezieht sich also auf die **Ausprägung** eines Merkmals. Beide Allele wirken sich auf den Stoffwechsel der Blütenblätter mit durchschlagendem Erfolg aus.
2. In der F_2 kann man die mischerbigen Pflanzen an ihrem Aussehen herausfinden.
3. Die Anzahl der Pfanzen mit bestimmten Genotypen entspricht in der F_2 der Zahl der Phänotypen, nämlich 1:2:1.
4. Während die homozygoten Pflanzen (das sind insgesamt 50% aller Nachkommen) in den folgenden Generationen nicht mehr aufspalten, tritt bei Kreuzung der heterozygoten Pflanzen in der F_3 und den folgenden Generationen immer wieder das Verhältnis 1 : 2 : 1 auf.

Dihybrider Erbgang:
Als Beispiel soll eine Kreuzung mit Erbsen (Pisum sativum) dienen, die schon von G. Mendel durchgeführt wurde. Er kreuzte zwei reine Linien miteinander, die sich in zwei Genen für das Aussehen der Samen unterschieden. Das Farbgen kommt als dominantes Allel für „gelb“ (A) und rezessiv für „grün“ (a) vor; das Formgen gibt es als Allel für „glatt“ (B = dominant) und für „runzelig“ (b= rezessiv). Die Eltern hatten gelb/glatte und grün/runzelige Samen (Abbildung 27).

Die Auszählung der Phänotypen ergab:

1. In der F_2 kommt es zur Aufspaltung. Betrachtet man nur die einzelnen Gene für sich, findet man das bekannte Verhältnis 3 : 1. Insgesamt treten 4 verschiedene Phänotypen auf. Sie verteilen sich in dem Mengenverhältnis 9 : 3 : 3 : 1 auf die Phänotypen gelb/glatt : grün/glatt : gelb/runzelig : grün/runzelig.

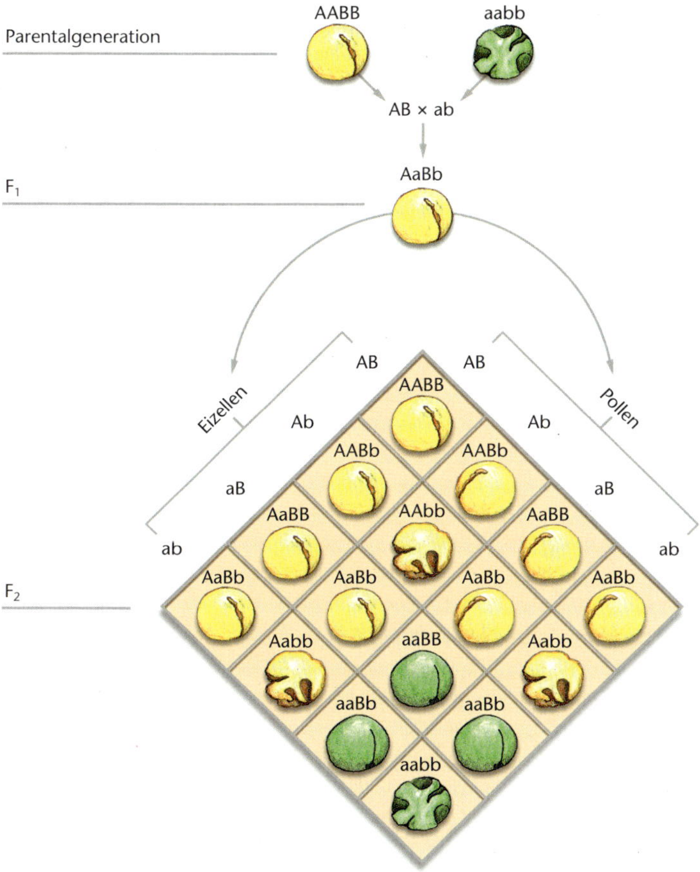

Abbildung 27 (verändert nach G. Czihak u. a., 1976)

2. Außer den beiden bekannten Phänotypen treten zwei **Rekombinanten** auf, nämlich grün/glatt und gelb/runzelig. Gerade dieser Punkt ist eine der wichtigsten neuen Erkenntnisse der Genetik zur Zeit Mendels gewesen: Durch die Mischung des Erbgutes können neuartige Rassen entstehen.

Dritte Mendel-Regel = **Unabhängigkeitsregel:**
Kreuzt man zwei reine Linien, die sich in mehr als einem Allelpaar unterscheiden, dann wird jede Merkmalsanlage unabhängig von der anderen vererbt. Dabei treten in der F_2-Generation Rekombinanten auf.

Testorganismus cyc^{rad}/cyc^{+}	Elter cyc^{rad}/cyc^{rad}		Testorganismus cyc^{+}/cyc^{+}
Gameten	cyc^{rad}	Gameten	cyc^{rad}
cyc^{+} cyc^{rad}	cyc^{+}/cyc^{rad} cyc^{rad}/cyc^{rad}	cyc^{+}	cyc^{+}/cyc^{rad}
1 : 1		1	

Auch die dritte Mendel-Regel ist an Voraussetzungen gebunden:

1. Sie ist nur zu beobachten, wenn 2 oder mehr Gene untersucht werden.
2. Die Gene müssen auf verschiedenen Chromosomen liegen. Nur dann ist durch die Verteilungsmechanismen der Meiose ihre freie Kombination gewährleistet.

5.3 Rückkreuzung

Bei dem intermediären Erbgang kann man in der F_2 die mischerbigen Genotypen am Aussehen von den reinerbigen unterscheiden, nicht so bei einem dominant-rezessiven. Kreuzt man jedoch Vertreter des fraglichen Phänotyps mit dem **rezessiven Elterntyp** (daher Rückkreuzung), so erhält man je nach Genotyp unterschiedliche Spaltungszahlen. Wir verwenden unser Beispiel mit den Löwenmäulchen:

Schlussfolgerungen:

1. War der Testorganismus heterozygot, tritt in den Nachkommen der Rückkreuzung das Spaltungsverhältnis 1 : 1 auf.
2. Ergibt die Rückkreuzung nur einen einheitlichen Phänotyp mit dem Aussehen des dominanten Wildtyps, war der Testorganismus reinerbig für das dominante Allel.

5.4 Koppelungsgruppen

Schon die einfache Überlegung, dass die Zahl der Gene höher sein muss als die der Chromosomen, zwingt zu dem Schluss, dass die Unabhängigkeitsregel nicht immer gelten kann. Denn unabhängig können nur solche Gene vererbt werden, die in der Meiose während der Trennung der homologen Chromosomen nach dem Zufallsprinzip auf die Keimzellen verteilt werden. Alle Gene, die gemeinsam auf einem Chromosom liegen, sollten normalerweise auch gemeinsam auf die haploiden Keimzellen übertragen werden. Die Zahl der Gruppen von gekoppelten Genen müsste somit der Zahl der Chromosomen entsprechen. Dies konnte besonders an der Taufliege Drosophila melanogaster durch die Versuche von Th. H. Morgan tatsächlich nachgewiesen werden.

1. Beispiel:
Wir kreuzen jeweils homozygote Fliegen des Wildtyps mit Mutanten, die sich durch veränderte Flügel f^- und mutierte Augen a^- auszeichnen. Die Wildtypallele sind dominant. Da dies ein dihybrider Erbgang ist, erwarten wir nach der uniformen F_1-Generation in F_2 vier verschiedene Phänotypen im Spaltungsverhältnis 9 : 3 : 3 : 1. Mitnichten, im Zuchtglas sind nur zwei verschiedene Fliegentypen im Verhältnis 3 : 1. Das Spaltungsverhältnis entspricht also einem monohybriden Erbgang, obwohl zwei Gene betrachtet wurden.

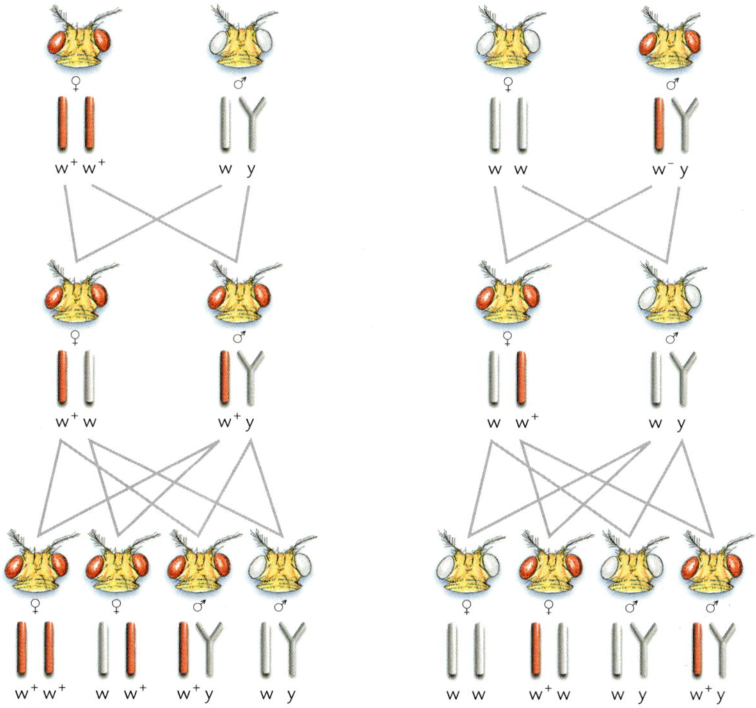

Abbildung 28 (aktualisiert nach E. Günther, 1986)

2. Beispiel:
Bei Drosophila gibt es das Allel weißäugig (w), das rezessiv gegenüber dem rotäugigen Wildtyp (w^+) ist. Kreuzt man reinerbige, rotäugige Weibchen mit reinerbigen, weißäugigen Männchen, erhält man die erwartete rotäugige F_1-Generation, vertauscht man aber die Geschlechter, spaltet schon die F_1 im Verhältnis 1:1 auf. Seltsamerweise sind alle Weibchen rotäugig und alle Männchen weißäugig, also gerade umgekehrt wie die Eltern. Offensichtlich ist dieses Gen für Augenfarbe an die Geschlechtschromosomen gekoppelt. Bei Drosophila wird das Geschlecht genetisch bestimmt, die Weibchen haben zwei X-Chromosomen, die Männchen XY (typisch menschlich).
Schlussfolgerungen für den an **Geschlechtschromosomen gebundenen Erbgang:**

1. Mutter und Vater sind nicht vertauschbar.
2. Mendel-Regeln gelten nicht, weil das Y-Chromosom in vielen Genloci im X-Chromosom kein Partnerallel besitzt. Dies kann man sogar unter dem Mikroskop anhand eines Karyogramms sehen, wie es z. B. im Band Zellbiologie abgebildet ist.
3. Eines der beiden X-Chromosomen muss in den weiblichen Körperzellen inaktiviert werden, damit die Balance der Gendosis nicht gestört wird (Barr-Körperchen- oder Lyon-Hypothese).
4. In F_2 zeigt das Gen für Augenfarbe die normale Spaltung 3 : 1 nur, wenn die Mutter homozygot rotäugig war.
5. Die Verschiedenartigkeit der Geschlechtschromosomen und ihre Verteilung während der Meiose stellen sicher, dass die Geschlechter immer im Verhältnis 1 : 1 auftreten. Dieses Verhältnis ist typisch für die **genetische Geschlechtsbestimmung.** Findet man Abweichungen davon, kommen sie durch Selektionsprozesse zustande, die erst nach der Gametenbildung eingreifen. In einigen Fällen kann das an geringerer Fitness des einen Gametentyps liegen. (Man vermutet zum Beispiel, dass die etwas erhöhte Zahl an Knabengeburten auf die größere Beweglichkeit der leichteren Spermien mit dem kleinen Y-Chromosom zurückzuführen ist.) Bienenköniginnen können die Zahl der heranwachsenden Drohnen in ihrem Staat steuern, weil sie wählen können, ob die Eier aus dem Spermienvorrat (stammt vom Hochzeitsflug) befruchtet werden. Aus unbefruchteten Eiern werden Männchen. (Natürlich darf man den Bienen keine Absicht im

menschlichen Sinne unterstellen!). Neben dieser weit verbreiteten genetischen Geschlechtsbestimmung gibt es die seltenere **modifikatorische Geschlechtsbestimmung,** bei der ein Umweltfaktor den entscheidenden Anstoß in die eine oder andere Richtung gibt.

Das typische Kennzeichen einer Kreuzung mit gekoppelten Genen ist das Ausbleiben von Rekombinanten. Trotzdem kann man mit einer gewissen, geringen Häufigkeit bei Kreuzungsversuchen mit gekoppelten Genen immer wieder Rekombinanten beobachten. Diese Ereignisse lassen sich leicht im Zusammenhang mit einer cytologischen Beobachtung während der Meiose erklären. Dort sieht man in der Prophase Überkreuzungen (Chiasmata) zwischen homologen Chromosomen, die zu mehrfachem Stückaustausch zwischen diesen Chromosomen führen. Dieses Crossing-over ist ein wichtiges Element der genetischen Rekombination, die regelmäßig und zwischen fast allen Chromosomen stattfindet.

3. Beispiel:
Wir nehmen die gleichen Allele wie oben im 1. Beispiel über die Koppelungsgruppen bei Drosophila. Um den Kreuzungsaufwand etwas zu reduzieren, führen wir Rückkreuzungen der Wildtypen aus der F_2-Generation mit dem reinerbig rezessiven Elter durch:

	I.	II.		
P	$a^-a^-f^-f^-$ x $a^+a^+f^+f^+$	$a^-a^-f^-f^-$ x $a^+a^-f^+f^-$		
F_1	$a^+a^-f^+f^-$	♀ \ ♂	a^-f^-	
		a^+f^+	$a^+a^-f^+f^-$	
		a^+f^-	$a^+a^-f^-f^-$	8 %
		a^-f^+	$a^-a^-f^+f^-$	
		a^-f^-	$a^-a^-f^-f^-$	

Schlussfolgerungen:

1. Im Fall I findet man nur einen einzigen Phänotyp, weil die Testfliegen homozygot waren.
2. Im Fall II fand Aufspaltung statt, weil die rezessiven Fliegen mit heterozygoten gepaart wurden. Das Außergewöhnliche sind die Rekombinanten mit ihrer Häufigkeit von insgesamt 8 % aller Individuen. Dieser Anteil entspricht weder gekoppelten noch ungekoppelten Genen. Es muss Crossing-over stattgefunden haben.

5 Nach welchen Regeln wird das Erbgut neu gemischt?

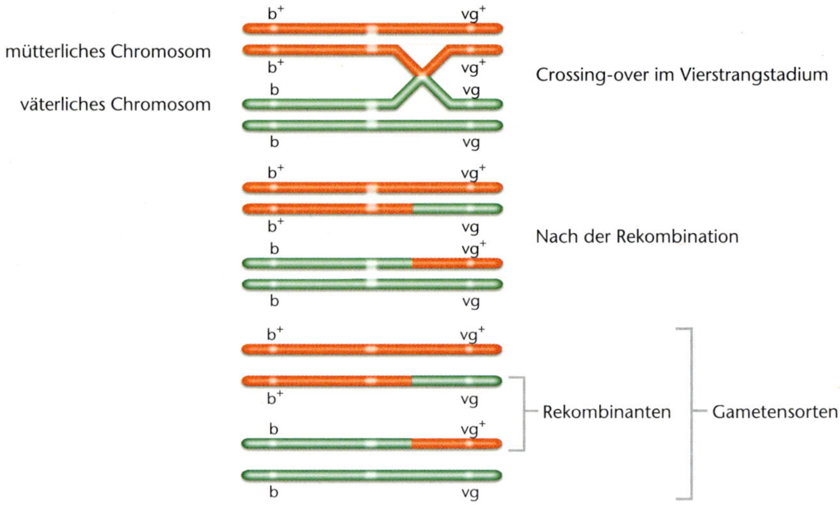

Abbildung 29 (verändert nach E. Günther, 1986)

Die Abbildung 29 zeigt schematisch, wie man sich den Faktorenaustausch während der Meiose vorzustellen hat.

Mithilfe des Faktorenaustausches lassen sich die Abstände zwischen den Genen auf einem Chromosom bei gut untersuchten Organismen (Drosophila, Mais, Maus) bestimmen. Es müssen allerdings zwei Voraussetzungen erfüllt sein, die damals, als Th. H. Morgan dieses Verfahren vorschlug, noch nicht geklärt waren: Die Gene müssen linear auf den Chromosomen hintereinander liegen (wie Perlen auf einer Schnur). Das Crossing-over muss ein Zufallsereignis sein, das mit gleicher Wahrscheinlichkeit an jeder beliebigen Stelle des Chromosoms auftritt. Das **Kartierungsverfahren** geht von der Überlegung aus, dass zwischen Genen, die weit entfernt liegen, häufiger Crossing-over stattfindet als zwischen benachbarten Genen. Der Prozentsatz an Rekombinanten müsste im ersten Fall höher sein. Die Abstände sind relativ leicht abzuschätzen, wenn man nur dihybride Kreuzungen analysiert. Die Häufigkeit 8 % an Rekombinanten im Beispiel zur Koppelungsgruppe bedeutet z. B., dass die Gene a und f den Abstand 8 Rekombinationseinheiten auf dem Chromosom haben.

Anmerkung: Machen Sie sich an den Gameten klar, dass beide Rekombinanten zusammengezählt werden müssen.

Der Arbeitsaufwand ist niedriger, wenn man Kreuzungsexperimente mit mehr Faktoren durchführt. Mit einem Versuch kann man dann gleich die relativen Abstände von 3 Genen berechnen, allerdings muss man etwas mehr nachdenken.

Beispiel:
Wir nehmen eine Rückkreuzung mit drei gekoppelten Genen (a, s und e). Die Parentalgeneration war jeweils homozygot für die Wildtypallele bzw. für die Mutanten. Bei der Auszählung der Rückkreuzung fand man bei 64 % aller Nachkommen kein Crossing-over, diese Genotypen sind im Schema unten nicht ausführlich eingetragen.

P $a^-a^-e^-e^-s^-s^-$ x $a^+a^-e^+e^-s^+s^-$

Rückkreuzung:

$a^-e^-s^-$	Gameten		
$a^+a^-e^-e^-s^-s^-$ $a^-a^-e^+e^-s^+s^-$	$a^+e^-s^-$ $a^-e^+s^+$	a getrennt von den anderen beiden zu 21,5 %:	I
$a^+a^-e^+e^-s^+s^-$ $a^-a^-e^-e^-s^+s^-$	$a^+e^+s^-$ $a^-e^-s^+$	s getrennt von den anderen beiden zu 3,6 %:	II
$a^-a^+e^-e^-s^+s^-$ $a^-a^-e^+e^-s^-s^-$	$a^+e^-s^+$ $a^-e^+s^-$	e getrennt von den anderen beiden zu 10,4 %:	III

Schlussfolgerungen:

1. Wir haben drei Gene, für die drei verschiedene Anordnungen denkbar sind: -a-e-s- oder -a-s-e- oder -s-a-e-.
2. Da das Gen s selten von den beiden anderen getrennt wird, muss es beiden nahe liegen. Es kann daher nur zwischen beiden liegen. In dieser Position sind außerdem immer zwei Crossing-over nötig, um es von beiden abzukoppeln, was durch die geringe Austauschhäufigkeit belegt wird.
3. Das Gen a wird vom Rest dieses Chromosomenabschnitts mit der

Häufigkeit 21,5 % getrennt. Der wahre Abstand von s muss aber etwas größer sein, weil mit 3,6 % Wahrscheinlichkeit ein zweites Crossing-over auftritt, das die Wirkung des ersten zwischen a und s wieder aufhebt. Also ist der wahre Abstand zwischen a und s 25,1 Einheiten.

4. Die gleiche Überlegung gilt für den Abstand zwischen e und den anderen beiden Genloci. Also liegen zwischen Locus e und Locus s 14 Einheiten.

...... |a| ←—— 25,5 —— |s| —— 14 ——→ |e| ......
←—————— 39,1 ——————→

5.5 Humangenetik

Beim Menschen ist die Vererbung selbstverständlich den gleichen Gesetzmäßigkeiten unterworfen wie bei Tieren und Pflanzen. Da man jedoch bei Menschen keine geplanten Kreuzungsexperimente durchführen kann, ist die Forschung auf andere Untersuchungsmethoden angewiesen. In erster Linie sind dies:

- Analysen von auffälligen Merkmalen in **Familienstammbäumen,**
- **statistische Verfahren** an umfangreichen Stichproben zur Aufklärung von Krankheitsursachen in der Bevölkerung,
- der Vergleich von **eineiigen Zwillingen** (die im genetischen Sinn einen Klon darstellen) mit anderen Geschwisterpaaren,
- **Analogieschlüsse** aus dem Tierreich auf Menschen.

Einige der Punkte sind schon in anderem Zusammenhang ausführlich erläutert worden, hier soll nur noch einmal wiederholt und auf die besonderen Fragestellungen hingewiesen werden, soweit sie in den Lehrplänen gefordert werden.

Stammbaumanalysen

Die Abbildung 30 auf Seite 89 zeigt einen der ersten Erbgänge, die beim Menschen anhand einer Familienanalyse nachgewiesen werden konnten (1905). Es handelt sich um die Vererbung des dominanten Merkmals „Kurzfingerigkeit“. Bei diesem Merkmal kann man die theoretischen Aufspaltungen vergleichsweise gut beobachten; in vielen Fällen ist es jedoch gerade bei höheren Lebewesen durchaus möglich, dass sich selbst eindeutig dominante Allele im Phänotyp nicht ausprägen, weil sie von anderen Modifikationsgenen übertönt werden. Die Frage, ob ein Allel sich

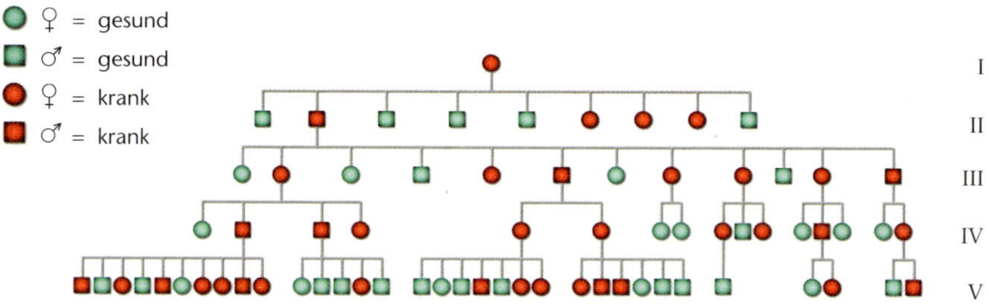

Abbildung 30: Dominanter Erbgang der Kurzfingerigkeit (Brachydaktylie) beim Menschen. (verändert nach E. Günther, 1986)

durchsetzen kann, wird unter dem Begriff **Penetranz** in der Wissenschaft diskutiert.
Die bekanntesten Beispiele für Merkmale, die an die Geschlechtschromosomen gebunden sind, sind die Farbenblindheit (meist keine Unterscheidung von rot/grün möglich) und die Bluterkrankheit (ungenügende Blutgerinnung, weil ein Eiweißfaktor fehlt; führte früher aufgrund innerer Blutungen ohne Behandlung schon in jungen Jahren zu sehr schweren Schäden). Da die Gene mit dem X-Chromosom gekoppelt sind, ist der Anteil der betroffenen Männer sehr viel höher als der von Frauen mit diesen Phänotypen.
Am Beispiel der menschlichen **Blutgruppen** lernen Sie jetzt den Begriff **Codominanz** kennen, der Ihnen allerdings aus dem Zusammenhang mit dem Genbegriff schon in ähnlicher Bedeutung als **multiple Allelie** aufgefallen sein sollte. Die Blutgruppen des AB0-Systems werden durch ein Gen bestimmt, das in den drei Allelen I^A, I^B und I^0 auftritt. I^0 ist rezessiv gegenüber den beiden anderen. Da im heterozygoten Zustand I^AI^B von beiden Allelen das entsprechende Antigen gebildet wird (Blutgruppe AB), werden sie als **codominant** bezeichnet. Die Antigene, die u. a. an der Zellmembran der Erythrozyten sitzen, werden nämlich folgendermaßen gebildet: An eine Grundsubstanz H hängt das Enzym Galactosetransferase den namensgebenden Zucker an, das Enzym wird über die Proteinsynthese vom Allel I^B codiert, das Allel I^A ist für eine Acetylgalactosamin-Transferase (auch ein Zucker i. w. S.) zuständig, I^0 codiert kein Enzym.

Die klassischen Stammbaumanalysen, Vaterschaftsnachweise und die genetische Identifizierung einer bestimmten Person werden heute durch den sog. **genetischen Fingerabdruck** ergänzt und verbessert. Grundla-

ge für das Verfahren ist, dass die Erbsubstanz eines jeden Menschen einzigartige Basensequenzen enthält, die man bevorzugt in Chromosomenabschnitten findet, die nicht der Codierung von Eiweißen dienen und daher frei variieren können, ohne als Mutation selektiert zu werden.
Man verwendet Analysenmethoden der Molekulargenetik und geht folgendermaßen vor:

1. Aus einer Probe beliebiger Körperzellen gewinnt man eine hochgereinigte doppelsträngige DNA.
2. Diese DNA wird mit **Restriktionsendonuclease** in ein Gemisch von unterschiedlich großen Stücken zerschnitten. Mithilfe der Gelelektrophorese trennt man die einzelnen Fragmente voneinander. Dabei wandern die Stücke im elektrischen Feld entsprechend ihrer Größe unterschiedlich weit.
3. Anschließend überträgt man die aufgetrennten Fragmente vom Gel auf eine darunter gelegte, hitzestabile Folie, indem man eine Pufferlösung durch die Schichten wandern lässt. Die Folie wird auf ca. 80°C erwärmt, wodurch einerseits die DNA fest daran gebunden wird und andererseits denaturiert, d.h. in Einzelstränge zerlegt wird. Die relative Anordnung der Fragmente zueinander ist aber immer noch dieselbe wie in dem Gel. Einzelne DNA-Sequenzen kann man jetzt identifizieren, indem man die Folie in einer Lösung mit relativ kurzen einsträngigen **DNA-Sonden** spült, deren **Basensequenzen bekannt** sind und die außerdem zur Markierung radioaktiv strahlende Atome enthalten. Die Sonden binden sich über komplementäre Basenpaarungen an einige der fixierten DNA-Fragmente **(Hybridisierung).** Überschüssige Sonden werden abgespült. Die Folien werden auf einen strahlungsempfindlichen Film gelegt. Nach dem Entwickeln des Films findet man genau an den Stellen, wo die radioaktiven Sonden mit der bekannten Sequenz lagen, eine Schwärzung (Banden). Das ganze Verfahren nennt man **Southern-Blot.**
4. Das Lesen der Bandenmuster und die Auswertung ist dann meist die Aufgabe eines Computers, weil durch mehrmalige Wiederholungen des Blottings mit verschiedenen Sonden und den Vergleich zwischen verschiedenen Proben riesige Datenmengen entstehen. Bei geschickter Wahl findet man schon mithilfe weniger Sonden ein Bandenmuster, das man einer einzelnen Person mit hoher Sicherheit zuordnen kann (mit Ausnahme eineiiger Zwillinge).

Ein Bestandteil der Fingerprint-Technik ist die Verwendung von Sonden. Eine sehr elegante Methode zur Herstellung dieser Sonden oder allgemein zur Vermehrung einer sehr kleinen DNA-Menge ist die **Polymerase-Ketten-Reaktion (PCR** von **polymerase chain reaction)**. Man analysiert eine kurze Basenfolge, etwa 20 Paare, an den Enden des untersuchten Moleküls. Dazu passend synthetisiert man sich komplementäre Stücke, die **Primer**, und geht dann folgendermaßen vor:

1. Die gereinigte DNA wird durch Erhitzen in Einzelstränge zerlegt. Sie wird mit dem Primer im Überschuss gemischt, der sich an die Enden der Einzelstränge bindet, wenn man die Temperatur senkt.
2. Man fügt eine DNA-Polymerase und die 4 verschiedenen, aktivierten Nucleotide zu. Ausgehend von dem kurzen doppelsträngigen Anfangsstück, wo der Primer sitzt, beginnt die Polymerase mit dem Lesen des gesamten DNA-Einzelfadens und der Ergänzung zum Doppelstrang.
3. Darauf denaturiert man wieder und lässt den Zyklus viele Male hintereinander ablaufen. Solange noch genügend Primer und Nucleotide vorhanden sind, nimmt die Anzahl der vervielfältigten DNA-Moleküle exponentiell bis zum Vieltausendfachen zu, später vermehrt sie sich nur noch linear. Verwendet man eine Polymerase aus dem hitzestabilen Bakterium Thermophilus aquaticus (Taq), muss man den ganzen Ansatz nur in einen sog. Thermoblock geben, der nach einem einprogrammierten Zeitrhythmus im Wechsel erhitzt und abkühlt. Die Anzahl der Wiederholungen wird begrenzt durch die Menge der verfügbaren Primer und Nucleotide, aber auch dadurch, dass sich im Laufe der Replikationsschritte und bei langkettigen Vorlagen Fehler in der Basenfolge anhäufen, d. h. Mutationen einschleichen.

5.6 Populationsgenetik

Die Populationsgenetik versucht, Erkenntnisse, die man an isolierten und kontrollierten Kreuzungsexperimenten gewonnen hat, auf die große Zahl der frei lebenden Organismen in einer beliebigen Population zu übertragen. Ihre Ergebnisse sind wichtig für das Verständnis der **Evolution.** Zu einer Population gehören im genetischen Sinne alle Individuen, die sich miteinander paaren und fruchtbare Nachkommen haben. Unter dem **Genpool** versteht man die Gesamtheit aller Allele, die in dieser Population vorkommen. Vereinfachend gesagt gibt es zwei sexuelle Fortpflanzungsstrategien in solchen Populationen:

1. **Selbstbefruchtung:** Die Population besteht zu einem sehr hohen Anteil aus Homozygoten. Unter natürlichen Bedingungen sind solche Populationen nur in Ausnahmefällen oder nur zeitweise stabil.
2. **Panmixie:** In solchen Populationen haben alle Individuen potenziell die gleiche Chance, sich miteinander zu kreuzen. Die Allele werden rekombiniert und spalten in jeder Generation nach den mendelschen Regeln auf.

Wie man schon an den einfachen Zahlenverhältnissen einer monohybriden Kreuzung sehen kann, pendelt sich im Laufe weniger Generationen ein stabiles Zahlenverhältnis zwischen den Genotypen ein. In unserem Beispiel wird durch das Kreuzungsquadrat deutlich, dass schon ab der F_3-Generation das Verhältnis 1 : 2 : 1 erreicht ist und sich auch in den folgenden Generationen nicht mehr ändert (daher hört man in der Schulgenetik meist bei F_2 auf). Für solche Idealpopulationen haben G. H. Hardy und W. R. Weinberg eine mathematische Formel entworfen, mit der man die Zusammenhänge zwischen den **Häufigkeiten der Genotypen** und den „**Genfrequenzen**“ (besser: Häufigkeit eines Allels in einer Population) berechnen kann.

Es bedeuten:

p: die Häufigkeit des einen Allels (a^+),
q: die Häufigkeit des anderen Allels (a^-),
$p + q = 1$ und $p = 1 - q$;

denn eines der beiden Allele muss auf jeden Fall erscheinen; ein fehlendes Gen ist in der Regel letal.

Gesetz von Hardy und Weinberg

homozygot/dominant		heterozygot		homozygot/rezessiv	
p^2	+	$2pq$	+	q^2	=1
a^+a^+		a^+a^-		a^-a^-	

Die Idealpopulationen, in denen die Genfrequenzen stabil wären, wie das Gesetz es fordert, gibt es in der Natur nicht, weil die Evolutionsfaktoren zumindest über lange Zeiträume verändernd wirken (vgl. Evolution).

Wozu taugt die Formel dann? Man kann mit ihr die Häufigkeit der Allele aus dem Genotypenverhältnis berechnen; schließlich geht die Evolution für menschliches Zeitgefühl so langsam voran, dass man in der Regel von stabilen Populationen ausgehen kann.

Anmerkung: Den Beweis für diese Formel können Sie sich selbst liefern, indem Sie die Genotypen der monohybriden Kreuzung auszählen. Für die praktische Berechnung sind die Homozygoten mit den rezessiven Allelen interessant, weil man deren relativen Anteil in der Population am Phänotyp eindeutig ablesen kann.

Beispiel:
Unter 10 000 Neugeborenen ist ein Säugling homozygot für das rezessive Allel der Phenylketonurie:

$q^2 = 1/10\,000 \Rightarrow q = 0{,}01$ = Häufigkeit des rezessiven Allels
$p = 1 - q = 1 - 0{,}01 = 0{,}99$ = Häufigkeit des normalen Allels

Der Anteil an Heterozygoten ist also:

$$2pq = 2 \cdot 0{,}99 \cdot 0{,}01 \approx 0{,}02 \approx 1/50.$$

In der untersuchten Population trägt im Durchschnitt eine unter 50 Personen das defekte Allel, was man äußerlich nicht erkennen kann. Oder anders gesagt, unter 10 000 Neugeborenen sind wahrscheinlich 9801 homozygot gesunde, 198 heterozygote und ein kranker Säugling. Nach dem dargestellten Prinzip arbeitet man bei der **genetischen Familienberatung.**

5.7 Aufgabenbeispiele

Aufgabe 1

An dieser Stelle sollten Sie sich überlegen, was hinter dem Begriff „homologe Chromosomen" steckt. Wie hoch ist im Durchschnitt der Anteil des gemeinsamen Erbgutes zwischen Geschwistern oder zwischen Enkel und Opa?

Aufgabe 2

Oben wurde der Begriff intrachromosomale Rekombination so hervorgehoben, dass man gleich fragen muss, ob es noch andere Arten der Rekombination gibt. Der Gegensatz zu **intra** wäre **inter** und bedeutet, dass hier eine Mischung zwischen den Chromosomen durchgeführt wird. Aus dem Ablauf der Meiose ist diese Art der interchromosomalen Rekombination abzuleiten. Tun Sie dies!

Aufgabe 3

Welches Chromosomenpaar ist vom Crossing-over ausgeschlossen?

Aufgabe 4

Zeichnen Sie schematisch und farbig die Verteilungsvorgänge während der Meiose und berücksichtigen Sie dabei gleichzeitig die Replikation.

Aufgabe 5

Mithilfe der Aussagen über den Anteil der reinerbigen Genotypen sollen Sie die Konsequenzen für fortgesetzte Selbstungen (Inzucht) herausfinden. Aus dem Beispiel der Wunderblume können Sie ableiten, dass in der F_1 der Hybridanteil 100% beträgt, in F_2 50%, in F_3 noch 25% usw. Bei welcher Generation ist der Anteil der homozygoten Genotypen bei monohybrider Kreuzung auf über 99% gestiegen?

Aufgabe 6

Stellen Sie die Kreuzungsschemata für einen trihybriden Erbgang bis zur F_2 auf. Der Einfachheit halber benutzen Sie bitte die mutierten Allele a, b und c, die Wildtypallele seien a^+, b^+ und c^+. Die Gene liegen auf verschiedenen Chromosomen. Zählen Sie die Rekombinanten der F_2-Generation aus.

Aufgabe 7

Stellen Sie den Erbgang für folgende Gene des Löwenmäulchens auf: Die Blütenform wird durch die bekannten Allele cyc^+ und cyc^{rad} bestimmt, die Blütenfarbe durch ein Gen mit **intermediärer** Ausprägung mit dem Allel Bf für rot und bf für weiß. Die Gene sollen auf verschiedenen Chromosomen liegen. Geben Sie die Zahlenverhältnisse der Phänotypen an.

Aufgabe 8

Wie würde das Spaltungsverhältnis im 3. Beispiel auf S. 85 ohne Crossing-over aussehen?

Aufgabe 9

Die Genkarten, die man nach dem obigen Verfahren erhält, können nur relative Abstände zwischen den Genen eines Chromosoms angeben. Je weiter die Gene voneinander entfernt sind, desto ungenauer werden aufgrund der Logik der Versuchskonstruktion (sog. systematischer Fehler) die Abstandswerte. Begründen Sie diese Aussage.

Aufgabe 10

Welches theoretische Spaltungsverhältnis steckt wahrscheinlich hinter den Zahlen des Erbganges in Abbildung 30 auf S. 89?

Aufgabe 11

Das Schema in Abbildung 31 zeigt den Erbgang der Taubstummheit in einer Familie. Schreiben Sie zu diesem Erbgang die Genotypen dazu.

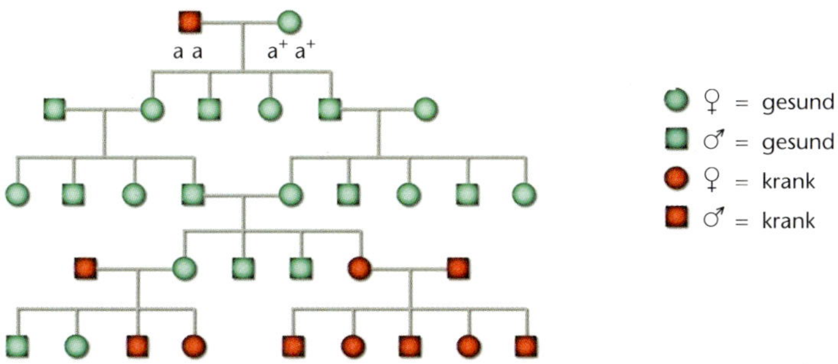

Abbildung 31: Rezessiver Erbgang der Taubstummheit beim Menschen.

Aufgabe 12

Weisen Sie anhand eines Erbschemas nach, dass aus einer Ehe zwischen einem Bluter und einer gesunden Frau („erbgesund“, d.h. homozygote Normalallele) zwar nur gesunde Kinder hervorgehen, dass aber die Hälfte der Enkelsöhne wieder Bluter sind.

5 Nach welchen Regeln wird das Erbgut neu gemischt?

Aufgabe 13

Anlässlich eines runden Geburtstages treffen sich Familienangehörige, die sich sonst nur ganz selten sprechen. Durch Zufall erfährt ein junger gesunder Mann dort, dass ein längst verstorbener Opa farbenblind gewesen sein muss. Da er demnächst heiraten will, fragt er sich, ob er die Fehlsichtigkeit an seine Kinder vererben kann. Beantworten Sie diese Frage und überlegen Sie sich, ob Ihre Antwort anders lauten muss, wenn Sie nach 3 Wochen hören, dass der Opa mit einer farbenblinden Großmutter mütterlicherseits verwechselt wurde.

Aufgabe 14

Entscheiden Sie, welche Männer aufgrund ihrer Blutgruppen nicht als Väter eines Kindes mit Blutgruppe 0 infrage kommen, wenn die Mutter ebenfalls die Blutgruppe 0 hat. (Dieser Ausschluss einer Vaterschaft wird meist etwas irreführend unter dem Stichwort **Vaterschaftsnachweis** geführt.)

Aufgabe 15

Füllen Sie das unten stehende Schema über die Vererbung der Blutgruppen nach dem AB0-System fertig aus!

		♂						
		0	AB		A		B	
♀		I^0	I^A	I^B	I^A	I^0	I^B	I^0
0	I^0	0	A	B				
AB	I^A	A	A	AB				
	I^B	B	AB	B				
A	I^A							
	I^0							
B	I^B							
	I^0							

Aufgabe 16

Man kann vereinfachend annehmen, dass die Bildung des menschlichen Rhesusfaktors durch ein Gen mit den Allelen Rh (dominant, positiv) und rh (rezessiv, kein Faktor) gesteuert wird. In der mitteleuropäischen Bevölkerung ist der Anteil an Personen ohne Rhesusfaktor im Blut 15 %. Errechnen Sie

a) den Anteil aller Genotypen in der Population,
b) wie hoch der Anteil an Ehen ist, in denen es zu Komplikationen kommen **kann** wegen Nichtübereinstimmung zwischen Mutter und Kind,
c) wie hoch der prozentuale Anteil der Ehen in der Gesamtbevölkerung ist, in denen die Rhesus-negativen Frauen mit einem positiven Kind rechnen müssen.

5.8 Lösungsvorschläge

Aufgabe 1

Von den beiden homologen Chromosomen stammt eines vom Vater, das andere von der Mutter. Obwohl jeder Mensch also im Durchschnitt je 50 % Erbgut mit seinen Eltern gemeinsam hat, wird das äußere Erscheinungsbild stark vom unterschiedlichen Durchsetzungsvermögen der Gene auf den homologen Chromosomen bestimmt (vgl. dominant/rezessiv).
Geschwister dürfen damit rechnen, dass sie durchschnittlich in 50 % ihres Erbgutes übereinstimmen. Der Verwandtschaftsgrad zwischen Enkeln und Großeltern drückt sich in 25 % gemeinsamem Erbgut aus.

5 Nach welchen Regeln wird das Erbgut neu gemischt?

Aufgabe 2

Die intrachromosomale Rekombination beruht auf Crossing-over. Unter dem Begriff interchromosomale Rekombination versteht man die Neumischung der Chromosomen. Während der Anaphase in der Meiose werden die ursprünglich mütterlichen und väterlichen Chromosomen zufällig der einen oder der anderen Zelle zugeführt. Durch beide Prozesse kommt in den Zellen Erbgut zusammen, das noch nie in einem gemeinsamen Kern zusammen war.

Aufgabe 3

In erster Linie hat man hier an die Geschlechtschromosomen zu denken. Weiterhin kommen Chromosomen infrage, deren Strukturen durch Mutationen stark verändert wurden, denn nur Chromosomen mit morphologischen Unterschieden sind vom Crossing-over ausgeschlossen.

Aufgabe 4

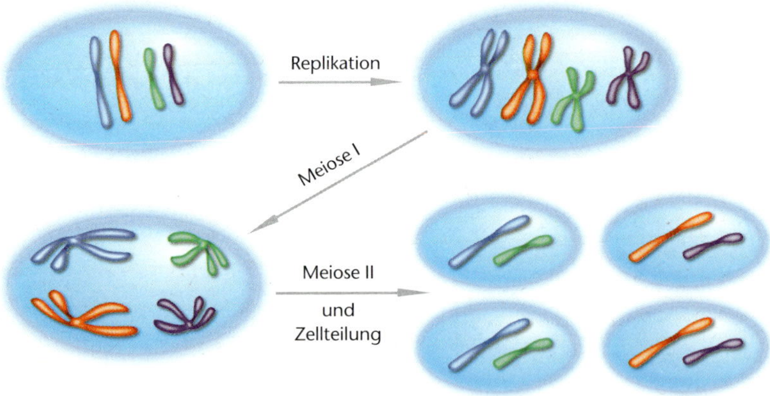

Aufgabe 5

In der 7. Generation sind ungefähr 99 % der Individuen in einer ingezüchteten Population homozygot.

Aufgabe 6

P	♀	$a^+ b^+ c^+$ $a^+ b^+ c^+$	x	♂	$a\ b\ c$ $a\ b\ c$
Gameten		$a^+ b^+ c^+$			$a\ b\ c$
F_1			$a^+ b^+ c^+$ $a\ b\ c$		
Gameten		$a^+ b^+ c^+$, $a^+ b\ c$,	$a\ b^+ c^+$, $a\ b^+ c$,	$a^+ b\ c^+$, $a\ b\ c^+$,	$a^+ b^+ c$ $a\ b\ c$

Gameten der F_1 ♀ / ♂	$a^+ b^+ c^+$	$a\ b^+ c^+$	$a^+ b\ c^+$	$a^+ b^+ c$	$a^+ b\ c$	$a\ b^+ c$	$a\ b\ c^+$	$a\ b\ c$
$a^+ b^+ c^+$	$a^+ b^+ c^+$ $a^+ b^+ c^+$	$a\ b^+ c^+$ $a^+ b^+ c^+$	$a^+ b\ c^+$ $a^+ b^+ c^+$	$a^+ b^+ c$ $a^+ b^+ c^+$	$a^+ b\ c$ $a^+ b^+ c^+$	$a\ b^+ c$ $a^+ b^+ c^+$	$a\ b\ c^+$ $a^+ b^+ c^+$	$a\ b\ c$ $a^+ b^+ c^+$
$a\ b^+ c^+$	$a^+ b^+ c^+$ $a\ b^+ c^+$	$a\ b^+ c^+$ $a\ b^+ c^+$	$a^+ b\ c^+$ $a\ b^+ c^+$	$a^+ b^+ c$ $a\ b^+ c^+$	$a^+ b\ c$ $a\ b^+ c^+$	$a\ b^+ c$ $a\ b^+ c^+$	$a\ b\ c^+$ $a\ b^+ c^+$	$a\ b\ c$ $a\ b^+ c^+$
$a^+ b\ c^+$	$a^+ b^+ c^+$ $a^+ b\ c^+$	$a\ b^+ c^+$ $a^+ b\ c^+$	$a^+ b\ c^+$ $a^+ b\ c^+$	$a^+ b^+ c$ $a^+ b\ c^+$	$a^+ b\ c$ $a^+ b\ c^+$	$a\ b^+ c$ $a^+ b\ c^+$	$a\ b\ c^+$ $a^+ b\ c^+$	$a\ b\ c$ $a^+ b\ c^+$
$a^+ b^+ c$	$a^+ b^+ c^+$ $a^+ b^+ c$	$a\ b^+ c^+$ $a^+ b^+ c$	$a^+ b\ c^+$ $a^+ b^+ c$	$a^+ b^+ c$ $a^+ b^+ c$	$a^+ b\ c$ $a^+ b^+ c$	$a\ b^+ c$ $a^+ b^+ c$	$a\ b\ c^+$ $a^+ b^+ c$	$a\ b\ c$ $a^+ b^+ c$
$a^+ b\ c$	$a^+ b^+ c^+$ $a^+ b\ c$	$a\ b^+ c^+$ $a^+ b\ c$	$a^+ b\ c^+$ $a^+ b\ c$	$a^+ b^+ c$ $a^+ b\ c$	$a^+ b\ c$ $a^+ b\ c$	$a\ b^+ c$ $a^+ b\ c$	$a\ b\ c^+$ $a^+ b\ c$	$a\ b\ c$ $a^+ b\ c$
$a\ b^+ c$	$a^+ b^+ c^+$ $a\ b^+ c$	$a\ b^+ c^+$ $a\ b^+ c$	$a^+ b\ c^+$ $a\ b^+ c$	$a^+ b^+ c$ $a\ b^+ c$	$a^+ b\ c$ $a\ b^+ c$	$a\ b^+ c$ $a\ b^+ c$	$a\ b\ c^+$ $a\ b^+ c$	$a\ b\ c$ $a\ b^+ c$
$a\ b\ c^+$	$a^+ b^+ c^+$ $a\ b\ c^+$	$a\ b^+ c^+$ $a\ b\ c^+$	$a^+ b\ c^+$ $a\ b\ c^+$	$a^+ b^+ c$ $a\ b\ c^+$	$a^+ b\ c$ $a\ b\ c^+$	$a\ b^+ c$ $a\ b\ c^+$	$a\ b\ c^+$ $a\ b\ c^+$	$a\ b\ c$ $a\ b\ c^+$
$a\ b\ c$	$a^+ b^+ c^+$ $a\ b\ c$	$a\ b^+ c^+$ $a\ b\ c$	$a^+ b\ c^+$ $a\ b\ c$	$a^+ b^+ c$ $a\ b\ c$	$a^+ b\ c$ $a\ b\ c$	$a\ b^+ c$ $a\ b\ c$	$a\ b\ c^+$ $a\ b\ c$	$a\ b\ c$ $a\ b\ c$

Aufgabe 7

Zählt man die Phänotypen aus, ergibt sich ein völlig untypisches Spaltungsverhältnis:

6 rosa/zweilippig : 3 rot/zweilippig : 3 weiß/zweilippig : 2 rosa/radiär : 1 rot/radiär : 1 weiß/radiär

Die einzelnen Allelpaare spalten für sich nach den bekannten Zahlenverhältnissen:

12 zweilippige : 4 radiären entspricht einem dominant/rezessiven Paar

4 rote : 8 rosa : 4 weißen entspricht dem intermediären Erbgang.

Aufgabe 8

Wir hätten die Genotypen $a^+a^-f^+f^-$ und $a^-a^-f^-f^-$ im Verhältnis 1 : 1.

Aufgabe 9

Tritt Crossing-over mehrfach auf, verringern sich die Rekombinantenhäufigkeiten, weil sich die Austauscheffekte jedes zweite Mal rückgängig machen. Im Beispiel deuten die 3,6 % Doppelaustausch darauf hin, dass man bei einer Auszählung der Rekombinanten zwischen den weit auseinanderliegenden Genen a und e weniger als 39,1 % Häufigkeit finden würde.

Aufgabe 10

Wie man schon an der Zahl der Kranken erkennen kann, ist das Merkmal „taubstumm" rezessiv, sodass es sich nur im Phänotyp zu erkennen gibt, wenn beide Eltern Träger des Allels sind. Auch dann trifft es nicht unbedingt alle Kinder. Das theoretische Spaltungsverhältnis dürfte 1 : 1 sein. Da dieses Zahlenverhältnis für eine typische Rückkreuzung spricht, sind die Ehepartner jeweils homozygot im rezessiven Allel.

Aufgabe 11

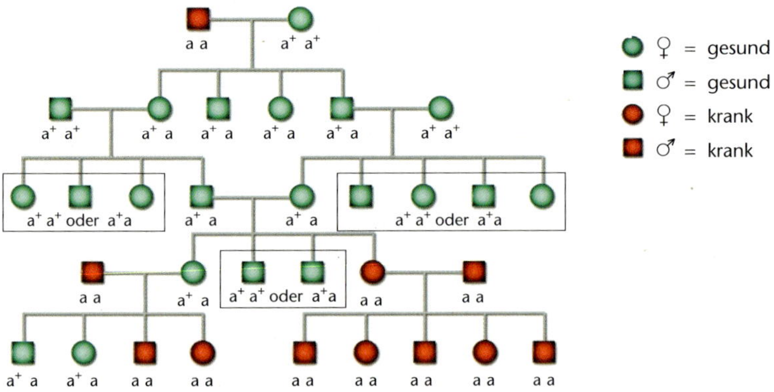

Aufgabe 12

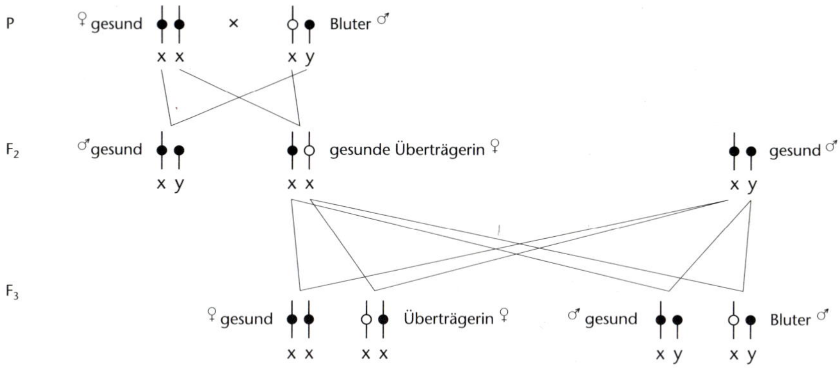

Aufgabe 13

Für die Vererbung dieses Merkmals spielt die Familiengeschichte des jungen Mannes keine Rolle. Wenn er selbst nicht farbenblind ist, kann er die Sehschwäche in keinem der beiden Fällen an seine Kinder weitergeben. Da die Krankheit X-chromosomal vererbt wird, würde sie sich bei ihm zeigen, wenn er Träger des Allels wäre.

Aufgabe 14

Alle Männer mit der Blutgruppe AB können ausgeschlossen werden.

Aufgabe 15

		0	AB		A		B	
		I^0	I^A	I^B	I^A	I^0	I^B	I^0
0	I^0	0	A	B	A	0	B	0
AB	I^A	A	A	AB	A	A	AB	A
	I^B	B	AB	B	AB	B	B	B
A	I^A	A	A	AB	A	A	AB	A
	I^0	0	A	B	A	0	B	0
B	I^B	B	AB	B	AB	B	B	B
	I^0	0	A	B	A	0	B	0

Aufgabe 16

Nach der Hardy-Weinberg-Formel gilt $q = \sqrt{0{,}5} = 0{,}387$, Rh-Häufigkeit $p = 1 - q = 0{,}631$
Anteil der Heterozygoten: $2pq = 2 \cdot 0{,}387 \cdot 0{,}613 = 0{,}47$.

a) Rhesus negativ mit rhrh: 15 % Rhesus positiv mit Rhrh: 47 %, Rhesus positiv mit RhRh: 38 %.

b) Unter 1000 Frauen sind 150 Rhesus negativ. Einige von ihnen (22,5) finden die 15 % Rhesus negativen Männer. Aber die anderen 125,7 müssen in Ehen mit Rhesus positiven Männern mit Komplikationen rechnen, weil ihr Immunsystem Antikörper gegen ein vielleicht Rhesus positives Kind produzieren würde. Das sind knapp 13 % der 1000 Ehen.

c) Da aber ein Teil der Männer in dieser Ehe heterozygot ist, beträgt die tatsächliche Wahrscheinlichkeit für ein Rhesus positives Kind nur knapp 8 %. Dazu muß man die 13 % mit den summierten Wahrscheinlichkeiten für Rh-Gameten multiplizieren, also $0{,}47/2 + 0{,}38 = 0{,}615$.

Kapitel 6

Wie manipuliert man Erbgut?

6.1 Methoden der Züchtung

Das älteste Verfahren (lange vor Mendel) ist die Auslesezüchtung (Selektionszüchtung), bei der man aus einer natürlichen Population die Individuen mit den gewünschten Eigenschaften auswählt, weiterkultiviert und vermehrt. Die Auslesezüchtung wird ergänzt, indem man die Mutationsrate unter experimentellen Bedingungen erhöht und hofft, dass unter den Mutanten eine günstige zu finden ist.

Wesentlich mehr Einblick in die theoretischen Hintergründe der Genetik war für die erfolgreiche **Kreuzungszüchtung** nötig. Man kreuzt gezielt die Individuen miteinander, die die gewünschten Eigenschaften besitzen. Leider behindert die Aufspaltung ab der F_2-Generation die Entwicklung einer reinen Linie für die spätere Produktion von einheitlichem Saatgut oder leistungsfähigen Tierstämmen.

Viele unserer Nutzpflanzen sind durch Kreuzungen zwischen Arten als **allopolyploide Bastarde** entstanden. Am wichtigsten sind die modernen hexaploiden **Weizensorten**, die aus drei verschiedenen Vorläufern zusammengesetzt wurden (Emmer, Einkorn, Aegilops). Da polyploide Pflanzen allgemein größer und widerstandsfähiger sind, haben sich unter unseren klimatischen Bedingungen die Ploidiemutanten durchgesetzt. Fast alle unsere einheimischen Nutzpflanzensorten sind polyploid. Im Gegensatz zum Tierreich (z. B. Pferd · Esel) sind Artbastarde im Pflanzenreich recht oft fruchtbar.

Ein neueres Züchtungsverfahren für Pflanzen stützt sich auf das Phänomen der **Heterosis.** Die Züchter haben nämlich eine enorme Leistungssteigerung bei Nachkommen in der F_1 beobachtet, wenn man zwei reine Linien miteinander kreuzt. Deren Phänotypen zeigen selbst keine besonders positiven Eigenschaften, weil zu viele Gene im homozygoten Zustand vorliegen. Die F_1-Generation jedoch ist extrem heterozygot, sodass sich von allen Genen das vorteilhafte, dominante Allel voll ausprägen kann. Aber schon in F_2 sinkt der mittlere Ertrag wieder, weil sie aufspaltet und in einzelnen Genen die nachteiligen Allele homozygot auftreten. Man sieht, der Heterosiseffekt ist nur bei solchen Pflanzen zu beobachten, deren Ertrag von vielen Genen bestimmt wird (Polygenie). Das **Hy-**

bridsaatgut, z. B. für Mais, muss daher immer wieder neu in besonderen Zuchtbetrieben herangezogen werden.
Einige der geschilderten Zuchtverfahren erfordern, dass der Befruchtungsvorgang unter streng kontrollierten Bedingungen abläuft, damit auch tatsächlich die richtigen Allele zueinander kommen. Man führt daher heute sowohl in der gärtnerischen als auch in der landwirtschaftlichen Praxis **künstliche Befruchtungen** durch.

6. 2 Gentechnik

Die Genmanipulation im engeren Sinn ist der gezielte menschliche Eingriff in das Erbgut von Zellen. Man spricht heute meist von Gentechnologie oder besser von **Gentechnik.** Es handelt sich dabei um die Anwendung der molekulargenetischen Erkenntnisse zur Herstellung **rekombinanter DNA** und ihren vielfältigen Einsatz in biotechnischen Produktionsprozessen, in der medizinischen Diagnostik und in vielen weiteren noch erträumten Gebieten.
Die Arbeitsschritte der Gentechnik zur Klonierung eines beliebigen Gens laufen grundsätzlich folgendermaßen ab:
Wir brauchen **Zellen**, die mit Hilfe eines eingeschleusten Gens (z. B. für Insulin) das gewünschte Produkt in möglichst großen Mengen herstellen. Das entsprechende DNA-Stück muss isoliert werden können (sehr schwierig bei den komplizierten Genen der Eukaryoten!). Ein **Vektor** transportiert unser Gen in die Empfängerzelle und sorgt möglichst noch dafür, dass es dort erhalten bleibt und abgelesen (exprimiert) wird. Zum Schluss müssen die erfolgreich transformierten Zellen noch aus der riesigen Zahl der übrigen nicht veränderten selektiert werden.

6. 2. 1 Die Gewinnung von Genen

Wichtigste Werkzeuge sind die **Restriktionsenzyme.** Es handelt sich um einen spezialisierten Typ von natürlich vorkommenden **Endonucleasen**, die man als Verdauungsenzyme für Nucleinsäuren auffassen kann. Sie erkennen in einer nativen DNA eine bestimmte Basenfolge und trennen dann den Strang genau an dieser Stelle auf, die aber selten genau der Grenze zwischen zwei Genen entspricht. Es bleiben dort kurze, nicht verpaarte Basenfolgen stehen, die man als „klebrige Enden" (sticky ends) bezeichnet. Behandelt man die DNA verschiedener Organismen, z. B. ein Plasmid aus E. coli und die DNA einer anderen Bakterienart, mit dem gleichen Restriktionsenzym und mischt sie anschließend, werden sich eini-

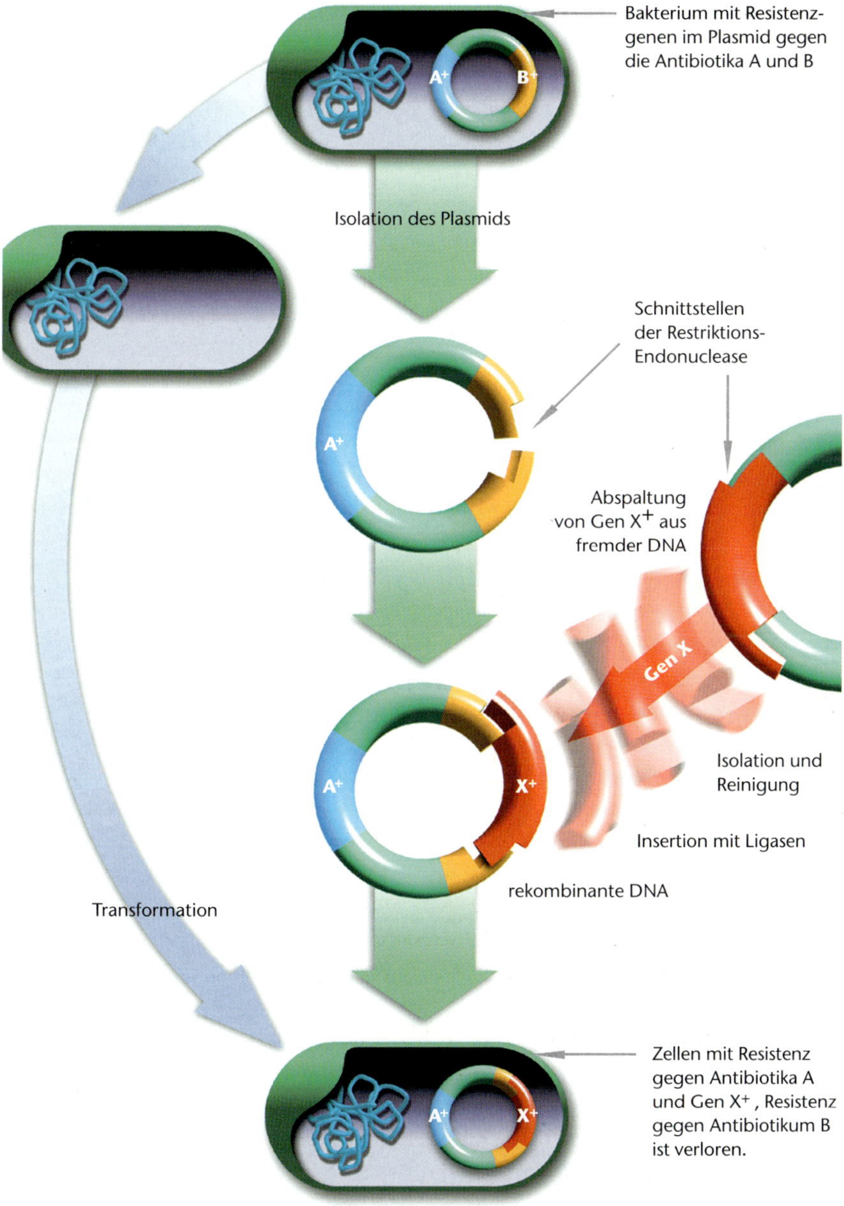

Abbildung 32 (aktualisiert nach E. Günther, 1986)

ge Plasmidstücke mit Stücken der Fremd-DNA verbinden und wir haben eine **rekombinante DNA**, die mithilfe des Plasmids als Vektor in eine Bakterienzelle eingeschleust werden kann. Leider entsprechen aber die eingebauten Stücke eher selten und nur zufällig einem intakten Gen. Entsprechende Zellen müssen anschließend herausgesucht werden.

6.2.2 Vektoren

Hierfür eignen sich Plasmide und Viren. Sie müssen folgende Eigenschaften haben:

- Der Vektor sollte unversehrt und leicht in die Zelle eindringen und sich in die Wirts-DNA einbauen (Insertion).
- Der Vektor sollte Gene enthalten, die eine spätere Selektion der transformierten Zellen erleichtern. In unserem Beispiel verleihen die Gene A^+ und B^+ Resistenz gegen zwei Antibiotika. Außerdem sollte er Regulatorgene besitzen, die dafür sorgen, dass die eingebauten Strukturgene intensiv abgelesen werden.
- Der Vektor sollte sich stabil während der folgenden Teilungen in der Zelle erhalten oder sogar sich selbst vervielfältigen, um eine gute Ausbeute des gewünschten Produkts zu erreichen.

Die transformierten Zellen lassen sich in einer passenden Nährlösung leicht vermehren und es entsteht ein Klon von Zellen, der die integrierten Gene besitzt. Man spricht daher auch von **klonierter DNA**. Als Empfängerzellen verwendet man oft Stämme von E. coli, obwohl es dadurch nötig wird, die Gene aus Eukaryonten vor dem Gentransfer entsprechend dem natürlichen Processing zurechtzuschneiden. Das Verfahren funktioniert auch gut bei der Transformation von Hefezellen. In Zellkulturen von höheren Organismen hingegen macht man oft die Erfahrung, dass die Fremdgene sogar eine gewisse Zeit lang korrekt exprimiert werden, bei den folgenden Zellteilungen aber allmählich wieder verloren gehen. Außerdem ist immer noch die Frage offen, ob man tatsächlich zuverlässige Methoden finden wird, mit denen man die DNA der Keimzellen gezielt und ohne unkalkulierbare Risiken verändern kann.

6.3 Somatische Hybridisierung

Die Klonierung von höheren Pflanzen ist seit längerem gärtnerische Praxis (vegetative Vermehrung). Eine Neuentwicklung ist die Anwendung der **Gewebekultur** bei diesem Züchtungsverfahren. Durch Verschmelzung von somatischen Zellen oder Verpflanzung von Kernen will man

nützliche Eigenschaften von Pflanzenarten vereinigen, die wegen irgendwelcher Befruchtungsbarrieren sexuell nicht zu paaren sind. Pflanzenzellen verschmelzen leicht, wenn vorher die Wände mithilfe eines Verdauungsenzyms für Cellulose entfernt wurden (die »nackten« Zellen heißen Protoplasten). Bei tierischen Zellen ist die somatische Hybridisierung »Stand der Technik«.
Üblich ist die Verschmelzung von Tumorzellen, die sich im Gegensatz zu normalen Zellen in Gewebekulturen unbegrenzt vermehren, mit Plasmazellen aus der Gruppe der weißen Blutkörperchen, die jeweils nur einen bestimmten Antikörper herstellen. Diese **Hybridomzellen** besitzen die Erbmerkmale beider Zelltypen. Die Zelllinie lebt quasi ewig und produziert dabei vor allem große Mengen einheitlicher Antikörper, die **monoklonalen Antikörper.** Inzwischen ist es gelungen, aus den Eizellen von Säugetieren die Kerne zu entnehmen und diese in entkernte Körperzellen eines anderen Tieres derselben Art einzupflanzen. Diese ehemalig differenzierten Zellen werden dadurch in ein ganz frühes Entwicklungsstadium umprogrammiert und werden wieder zu normalen Embryonen und nach Einsetzen in den Uterus einer Leihmutter zu normalen Tieren.

6.4 Aufgabenbeispiele

Aufgabe 1

Auslesezüchtung ist sehr langwierig und bei Fremdbefruchtern mit etlichen grundsätzlichen Problemen behaftet. Schildern Sie stichwortartig diese Schwierigkeiten.

Aufgabe 2

Zwei Arbeitsweisen bieten sich in der Kreuzungszüchtung an.

1. Die Züchter beginnen schon in F_2 mit der Auslese der geeigneten Phänotypen.
2. Sie kreuzen die Nachkommen etwa bis F_6 und selektieren dann die geeigneten Phänotypen.

Schreiben Sie Vor- und Nachteile des einen oder anderen Verfahrens auf.

Aufgabe 3

Wie kommt man experimentell zu polyploiden Kernen?

Aufgabe 4

In der Abb. 31 sind in das Plasmid zwei Resistenzgene gegen verschiedene Antibiotika eingezeichnet. Wie kann man mit deren Hilfe aus den Bakterienkulturen und mikrobiologischen Arbeitstechniken gezielt die wenigen Zellen auswählen, bei denen die Transformation erfolgreich verlief?

Aufgabe 5

Ein großes Problem ist die direkte Isolierung eines bestimmten Gens aus der riesigen Menge der Kern-DNA bei Eukaryoten (bisher vom Menschen: Insulin, Interferon, Wachstumshormon). Seit Entdeckung der reversen Transkriptase (vgl. Kap. 5 zu Viren und Bakterien) gibt es die Möglichkeit, von der m-RNA auszugehen, die in vielen Fällen wesentlich leichter zu isolieren ist als der entsprechende DNA-Abschnitt. Schildern Sie diesen Weg zur Herstellung eines Gens.

Aufgabe 6

Das Einsetzen von Zellkernen in entkernte Eizellen bezeichnet man allgemein als „Klonen" von Tieren und meint damit, dass die Nachkommen genetisch identisch seien mit dem Lieferanten der Kerne. Für welchen Teil der genetischen Ausstattung eines Individuums gilt das aber sicher nicht?

Aufgabe 7

Was kann man mit monoklonalen Antikörpern machen?

6.5 Lösungsvorschläge

Aufgabe 1

Bei Selektion von Fremdbefruchtern kann man vom Phänotyp nie eindeutig auf den Genotyp zurückschließen, weil die Organismen immer mehr oder weniger heterozygot sind. Die Heterozygoten werden in der nächsten Generation wieder aufspalten, sodass man nicht zu einer einheitlichen Zuchtlinie kommt. Zusätzliche Probleme schafft die plasmatische Vererbung. Insgesamt ist der Zeitaufwand für diese Art von Züchtung enorm hoch.

Aufgabe 2

Ist die Anzucht der Nutzpflanzen arbeitsintensiv, wird man zum ersten Verfahren greifen, weil früh reine Linien gegründet werden, sodass die Anzahl der zu behandelnden Individuen relativ klein bleibt. In den ersten Generationen wird der Anteil an Hybriden noch recht groß sein. Der Platzbedarf bei diesem Verfahren ist vergleichsweise gering. Bei Pflanzen, die in großer Zahl gut zu handhaben sind, arbeitet man vornehmlich mit dem zweiten Verfahren. Durch die fortgesetzte Selbstbefruchtung steigt der Prozentsatz an Homozygoten, die später nach ihren positiven Eigenschaften ausgewählt und zur Weiterzucht verwendet werden. Nachteilig ist der große Platzbedarf bei diesem Verfahren. Der Erfolg beider Verfahren hängt in erster Linie vom Objekt der Züchtungsversuche ab.

Aufgabe 3

Man behandelt Zellen in teilungsfähigen Geweben kurzzeitig mit einer Colchicinlösung. Nach Auswaschen des Giftes sind viele Kerne polyploid und teilen sich anschließend in diesem Zustand hoffentlich wieder normal.

Aufgabe 4

Man streicht eine verdünnte Probe der transformierten Zellen auf Nährböden aus, die das Antibiotikum A enthalten. Dadurch wachsen nur solche Zellen zu einer kleinen Kolonie heran, die das Plasmid eingebaut haben. Anschließend nimmt man von dieser Originalplatte mit einem Samtstempel einen Abdruck und überträgt diesen auf einen anderen Nährboden, der das Antibiotikum B enthält. Auf dieser Replikaplatte können nur solche Zellen wachsen, die ein unversehrtes, d.h. nicht geschnittenes Plasmid aufgenommen haben. Daraus kann man ableiten, welche Kolonie auf der Originalplatte das Kriterium „resistent gegen A, aber empfindlich gegen B" erfüllt. Von dieser Kolonie werden Bakterien abgeimpft und in einer weiteren Kulturphase stark vermehrt. Zum Schluss muss man prüfen, ob das gewünschte Produkt tatsächlich hergestellt wird.

Aufgabe 5

Die eukaryotischen Gene sind oft zusammengesetzt aus den Introns, deren Transkript vor dem Verlassen des Zellkerns aus der m-RNA herausgeschnitten wird (Processing), und den Exons, deren Sequenz in der gereiften m-RNA als Vorlage für die Translation dient. Da Bakterien das Processing nicht leisten können, muss man für erfolgreichen Gentransfer folgenden Umweg wählen, bei dem die reverse Transkriptase eine Rolle spielt:

1. Schritt: Isolierung der gesamten m-RNA aus Zellen mit intensiver Produktion des Proteins, dessen Gen gesucht wird.

2. Schritt: Abtrennung der gesuchten m-RNA aus dem Gemisch, z. B. mithilfe eines chromatographischen Verfahrens, und Identifizierung mit einer DNA-Sonde, die komplementär zu einem kurzen bekannten Stück des Gens ist.

3. Schritt: In einem zellfreien System mit allen benötigten Bausteinen synthetisiert die reverse Transkriptase an der m-RNA einen DNA-Einzelstrang (= cDNA) mit komplementärer Basenfolge.

4. Schritt: Schließlich wird die etwas empfindlichere RNA in alkalischem Milieu abgebaut und der verbleibende DNA-Einzelstrang dient als Vorlage für die Synthese eines normalen DNA-Doppelstrangs, der mit kleinen nachträglichen Veränderungen in den Vektor eingebaut werden kann.

Aufgabe 6

Diese geklonten Tiere unterscheiden sich sicher durch die Gene, die in den Mitochondrien lokalisiert sind. Sie werden bei einem Kerntransfer nicht übertragen und besitzen etliche Gene, die die gesamte Zelle mit energiereichen Verbindungen versorgen.

Aufgabe 7

Mit monoklonalen Antikörpern kann man sehr viel machen, und die Möglichkeiten sind noch lange nicht ausgereizt. Im Prinzip eignen sie sich sehr gut für Aufgaben, bei denen äußerst seltene Moleküle in einem Gemisch oder einem Organismus herausgefunden werden sollen (hier passt der Vergleich von der Suche nach der Stecknadel im Heuhaufen genau). Die Antikörper binden sich an den gesuchten Stoff und signalisieren mit einer zweiten gebundenen Gruppe durch eine Farbreaktion die Lage oder das Vorhandensein des Gesuchten. Heute werden zum Beispiel Schwangerschaftstests angeboten, die Spuren von Indikatorhormonen im Urin mit solchen präparierten monoklonalen Antikörpern nachweisen, noch bevor das Ausbleiben der Regel darauf hinweist. Auf ähnliche Weise werden Viren, Bakterien oder ihre Folgeerscheinungen im Körper leicht und recht sicher diagnostiziert. Die Medizin wäre ohne diese Diagnosemöglichkeiten bei der Identifizierung der HIV-VIren z.B. sicher nicht so schnell zu Erfolgen gekommen.